艺术设计专业教材 环境艺术设计

图说建筑表现

刘翔 王一然 编

天津出版传媒集团

天津人民美术出版社

图书在版编目（CIP）数据

图说建筑表现 / 刘翔，王一然编. -- 天津 ：天津
人民美术出版社，2021.12
艺术设计专业教材. 环境艺术设计
ISBN 978-7-5729-0333-5

Ⅰ．①图… Ⅱ．①刘… ②王… Ⅲ．①建筑设计－高
等学校－教材 Ⅳ．①TU2

中国版本图书馆CIP数据核字(2021)第260217号

艺术设计专业教材 环境艺术设计 图说建筑表现
YISHU SHEJI ZHUANYE JIAOCAI HUANJING YISHU SHEJI TUSHUO JIANZHU BIAOXIAN

出 版 人：杨惠东
责任编辑：刘 岳
助理编辑：边 帅
技术编辑：何国起
出版发行：天津 人民美术出版社
地 址：天津市和平区马场道150号
邮 编：300050
网 址：http://www.tjrm.cn
电 话：（022）58352963
经 销：全国新华书店
印 刷：天津美苑印刷制版有限公司
开 本：889毫米×1194毫米 1/16
版 次：2021年12月第1版
印 次：2021年12月第1次印刷
印 张：8
印 数：1-1000
定 价：78.00元

目录

第一编 图解建筑史

建筑史的学习对于环境设计专业考研有着十分重要的意义，可以说人类艺术设计史的发展过程与建筑史的发展密切相关，因此建筑史的学习对于深刻了解设计史有十分重要的作用。本书以图解的方式形象地解析了建筑史发展历程。各时期建筑风格的特点以及代表的建筑与建筑师是考察的重点。

第一章 工业革命前建筑史简述

第一节 古埃及建筑

古埃及建筑大约出现于公元前3000至前1000年，分古王国时期（公元前27至前22世纪）、中王国时期（公元前21至前18世纪）和新王国时期（公元前17至前11世纪）三个时期。

古王国时期的建筑以金字塔为代表。金字塔脱胎于"玛斯塔巴"，原意为凳子，是埃及早期的陵墓形制。金字塔简洁的几何体、对称的轴线、纵深的空间布局以及庞大的规模都营造出雄伟、神秘、令人震撼的效果。吉萨金字塔群是古埃及最具代表性的金字塔，由三座大金字塔组成，其中的胡夫金字塔体量最大，成为埃及金字塔巅峰之作。（图1-1至图1-3）

图1-1 吉萨金字塔群

图1-2 胡夫金字塔

中王国时期建筑以崖墓为代表，建筑依山而建，采用柱廊围合，强调轴线和内部空间的使用，体量小于古王国时期的金字塔，曼都赫特普三世墓是这一时期的建筑实例代表。（图1-4）

图1-3 狮身人面像

图1-4 曼度赫特普三世墓

新王国时期由于古埃及的动荡与混乱使得法老更加注重现世的统治，因此这一时期神庙建筑就成为了法老崇拜的纪念碑。神庙建筑注重空间序列的变化，以雕塑或建筑院落强调主轴线，以体量与光影变化的对比烘托与体现法老的威严。（图1-5）

图1-5 古埃及神庙

第二节 古代西亚建筑

1. 山岳台

山岳台苏美尔人最早在两河流域建立文明，由于以农耕文明为主，苏美尔人崇拜山岳与天体，重视对自然规律的研究，山岳台便是为观测星象而建的多层塔式建筑。（图1-6）

图 1-6 山岳台

图 1-7 萨艮二世王宫

图 1-8 人首翼牛雕塑

2. 亚述人的萨艮二世王宫

城墙强调防御性，王宫门洞处的人首翼牛雕塑极具特色。（图 1-7、图 1-8）

3. 新巴比伦人的伊什塔尔城门及空中花园

新巴比伦城规模体量也相当大，城北的伊什塔尔城门有很强的装饰性，表面采用彩色马赛克装饰以达到防水作用。（图 1-9、图 1-10）

图 1-9 伊什塔尔城门

图 1-10 空中花园

4. 波斯人的帕赛玻里斯宫

波斯人占据两河流域后，逐渐形成横跨欧亚非洲的强大帝国，建筑更加注重仪式性与纪念性。（图 1-11）

图 1-11 帕赛玻里斯宫

第三节 古希腊建筑

1. 柱式

柱式是古希腊建筑独特的现象，浓缩了古希腊建筑的精华，深刻地影响着欧洲建筑的发展。古希腊柱式是石质梁柱结构体系各部件的样式以及相互之间的搭接方式的规范，既体现为结构方式又是一种依附于结构的艺术形式，体现着严谨性与古典主义精神，具体分多立克柱式、爱奥尼柱式以及柯林斯柱式。（图 1-12）

图 1-12 古希腊柱式

2. 卫城

卫城作为城邦守护神的庙宇所在地与地形紧密相连，并多以神庙建筑群为主体穿插多种其他建筑，形成生动自由的室外空间。（图 1-13、图 1-14）

图 1-13 雅典卫城的帕提农神庙

图 1-14 雅典卫城建筑群

第四节 古罗马建筑

古罗马建筑是古罗马人沿袭亚平宁半岛上伊特鲁里亚人的建筑技术并继承了古希腊建筑的成就，在建筑形制、技术与艺术方面进行广泛创新而形成的独特建筑风格，在 1 至 3 世纪盛行。罗马券拱体系、柱式、交叉的拱顶结构与天然混凝土材料的运用为其主要特点。（图 1-15、图 1-16）

除了古罗马柱式和券拱体系，古罗马的广场也是伴随着其统治阶级中央集权强化过程而不断演变的。（图 1-17）

古罗马穹顶技术的最高代表是万神庙，它不仅是罗马最古老的建筑之一，也是古罗马建筑的代表作，在世界范围内有重大影响。万神庙采用了穹顶覆盖的集中式形制与集中式构图，穹顶直径与高度为 43.3 米，象征天宇的穹顶带来宗教

气息。（图1-18）

图1-15 叠柱式建筑古罗马斗兽场

图1-18 万神庙

图1-16 券柱式建筑的君士坦丁凯旋门

图1-19 比萨教堂

图1-17 古罗马图拉真广场

第五节 罗马风建筑

罗马风建筑，又称作罗马式建筑、罗曼建筑等，是10世纪晚期到12世纪初在欧洲基督教流行地区的一种建筑风格，因采用古罗马式的券拱而得名，多见于修道院和教堂建筑，对之后的哥特式建筑产生很大影响。（图1-19）

图1-20 巴黎圣母院

第六节 哥特式建筑

哥特式建筑是起源于12世纪法国的一种欧洲建筑风格，在中世纪高峰和晚期盛行于欧洲，大约持续至16世纪。哥特式建筑由罗马式建筑发展而来，后为文艺复兴建筑所继承。哥特式建筑主要用于教堂建筑，尖形拱门、肋状拱顶、高耸入云的尖顶以及窗户上巨大斑斓的玻璃装饰是哥特式建筑的典型特征。（图1-20至图1-22）

的建筑立面、平面构图以及从古希腊罗马时期建筑中继承的柱式系统是文艺复兴建筑的特点。（图1-23、图1-24）

图 1-21 德国科隆教堂

图 1-23 文艺复兴建筑意大利佛罗伦萨美第奇官邸

图 1-22 巴黎圣母院内部

图 1-24 文艺复兴建筑维琴察圆厅别墅

第七节 文艺复兴建筑

文艺复兴建筑是出现于哥特式建筑之后的一种欧洲建筑风格，14 世纪在意大利伴随文艺复兴运动诞生，后传播到欧洲其他地区，形成了具有各国特色的文艺复兴建筑。该建筑风格通过借助古典的比例和秩序从而体现出对理想中古典社会的协调秩序和对人文主义的向往，体现出对于中世纪神权至上的批判和对人道主义的肯定。严谨

第八节 巴洛克建筑

"巴洛克"一词源于西班牙语及葡萄牙语的"变形的珍珠"，现指于 17 世纪流行于欧洲的艺术风格。巴洛克建筑在意大利文艺复兴建筑基础上发展起来，是巴洛克艺术风格的重要组成部分。该建筑风格外形自由，追求动态，具有雕塑感，建筑内部亦注重装饰，多采用曲线穿插曲面与椭圆空间，纹样形式夸张且装饰色彩强烈，给人极尽奢华的感觉。

18 世纪中期，英国最早通过社会革命进入资本主义体系，而其他的欧洲国家及北美国家大多依然处于比较落后的农业经济阶段，皇室成为地主阶级和贵族利益的最高代表，他们为炫耀财富、展示宏大的皇家气派推崇烦琐的巴洛克风格，耗费巨大的国家财力，穷奢极欲在宫殿建筑以显示

作为统治阶级的政治态度和立场。17 世纪和 18 世纪为法国皇帝路易十四建造的庞大华贵的凡尔赛宫便是这一奢华风格最集中的体现。（图 1-25）

再如俄国沙皇彼得大帝时期的冬宫也是采用法国巴洛克的形式，以表现皇室无上的权力。（图 1-26）

图 1-25 凡尔赛宫

图 1-26 俄国沙皇彼得大帝时期冬宫

第九节 法国古典主义建筑

法国古典主义建筑是路易十三和路易十四专制王权盛行时期流行的建筑风格。该风格建筑造型严谨，应用古典柱式，内部装饰丰富多彩，宫廷建筑和纪念性的广场建筑是该种风格建筑的代表。（图 1-27、图 1-28）

第十节 洛可可建筑

洛可可建筑是 18 世纪初产生于法国的一种建筑风格，该建筑装饰风格在巴洛克建筑风格之上发展起来，但相比于色彩浓烈、装饰浓艳的巴洛克建筑，洛可可风格则偏重使用较为明快的色彩与细腻纤巧的装饰，常常采用不对称的手法，多用弧线与 S 形线以及植物花草、贝壳、山石等自然之物作为装饰题材。相比于巴洛克建筑风格，该风格多用于贵族府邸的室内装饰，体现出华丽繁复的效果。（图 1-29、图 1-30）

图 1-27 巴黎卢浮宫东立面

图 1-28 17 世纪法国典型的古典主义建筑巴黎伤病院

图 1-29 洛可可建筑室内

第二章 现代建筑思想的产生

第一节 现代建筑产生的时代背景

在工业革命的冲击下，欧洲的皇权贵族们不得不进行某些工业化的改革，但其真实目的只不过是企图延长自己以农业经济为中心的权力，而非希望彻底改变社会制度，最终还是成为工业化和现代化的障碍和阻力。

资产阶级的出现，使得贵族阶级权力被削弱，最终改变了欧洲的社会体制。新生的资产阶级在掌握经济和政治权力之后从他们本阶级的立场出发，希望能够发展出代表他们自己的权力和政治立场的新体制形式，于是他们便转而从古典的样式中选择合乎他们需求的形式加以发展。18世纪下半叶至19世纪上半叶欧洲几个主要资本主义国家相继出现建筑和设计上的复古主义现象，其中法国的古典主义复兴，英国的新哥特主义复兴（浪漫主义），以及在美国和其他欧洲国家产生的折中主义古典复兴三个浪潮最具代表性。

1. 法国新古典主义

法国新古典主义最集中的代表是"路易十六风格"，呈现典雅、严肃、端庄的气质，突出趣味性和小尺度的亲和感。法国大革命之后，1804年拿破仑上台称帝建立法兰西第一帝国，其在位时期的设计风格被称为"帝国风格"。这一时期的建筑基本都是采用古典主义风格特别是罗马风格建造，抛弃了法国巴洛克以来过分烦琐的装饰，呈现简洁、明快、庄严的形式，代表了法国古典主义复兴运动的最高潮。比如拿破仑时期兴建的大凯旋门就是罗马同类建筑物的宏大化复兴，也暗示其本人的政治、军事成就，是法国古典复兴主义的代表。（图2-1）

2. 英国复兴古典主义

英国复兴古典主义最突出的特点是新哥特主义的出现。英国人从中世纪寻找灵感，发展了模仿中世纪特别是哥特风格的建筑运动，为后来的工艺美术运动奠定了思想基础。英国建筑师奥古斯都·普金设计的英国国会大厦基本形式是新哥特风格，把它作为一种革命的风格广泛应用到公共建筑上，突破了哥特风格在中世纪宗教性建筑使用的范畴。（图2-2）

3. 美国古典折中主义

美国的古典折中主义建筑风貌是美国新兴资产阶级希望通过建筑诠释其政治立场，体现美国民主精神的结果。美国的古典折中主义以罗马风格为主，兼容各种欧洲风格，由此形成古典折中主义的建筑面貌。（图2-3）例如美国总统办公和居住的白宫就是希腊风格和托斯卡纳风格的混合形式。（图2-4）

图2-1 拿破仑时期兴建的大凯旋门

图2-2 英国国会大厦

图2-3 美国波士顿的马萨诸塞政府大楼

图 2-4 美国白宫

第二节 现代建筑思想产生的思想因素与物质基础

1. 现代建筑思想产生的背景和思想与物质基础

现代建筑经历了复杂的社会、经济、文化变迁的过程。18 世纪中叶英国开始发展工业革命，对城市规划和建筑产生了深刻影响，农民放弃农耕来到工业城市寻找工作成为工人阶级，对原有的城市规划及建筑产生冲击，工业建筑迅速涌现，这种时代背景刺激了现代建筑的形成。

从思想范畴看促使现代建筑产生的原因首先来源于工业革命后新材料、新方法以及新的社会需求使得人们对长期以来遵循的文艺复兴建筑理论体系产生了怀疑，动摇了对于传统的古典主义的信心，给新的现代建筑思想的产生带来可能。其次，建筑的时代特征即拒绝始终以古典建筑表现新时代，应当根据时代的不同特征以新的建筑形式进行表现从而为新时代服务的思想是现代建筑产生的思想根源。此外工业革命以来出现的资本家和中产阶级使得建筑服务对象发生改变，他们对于新的消费需求以及足够庞大的资金支持也使得现代建筑的产生成为可能。新的技术、材料与生产手段的进步也为现代建筑思想的产生与现代建筑的发展奠定了物质层面的基础。钢铁越来越多地被使用在建筑上，对现代建筑产生重要影响。（图 2-5）

2. 伦敦世界博览会和其他世界博览会对建筑技术的促进

1850 年英国提出举办世界博览会的建议，得到欧洲各国的积极响应，英国建筑师约瑟夫·帕克斯顿负责此次展览大厅的设计。他大胆采用温室结构，将新古典主义的设计手法与铸铁材料和钢铁结构技术用于庞大的公共建筑，使用了 8.35 万平方米的平板玻璃作为玻璃幕墙且建筑所有构件都采用铸铁，开创了采用标准构件钢铁、玻璃这两种新材料的设计和建造的先河。这座宏大规模的圆拱形温室建筑长 564 米，宽 137 米，总建筑面积为 7.27 万平方米，在视觉上产生了特殊的效果，形象地被称为"水晶宫"。（图 2-6）

图 2-5 棕榈屋

图 2-6 英国世博会水晶宫

1851 年伦敦世界博览会后，欧洲和美国举办的世界博览会的展览建筑设计也延续了"水晶宫"的模式，运用类似的结构和材料。其中 1889 年巴黎世界博览会具有重要意义，从规划和设计上来讲是现代建筑和总体环境规划的一个重要发展。

著名的埃菲尔铁塔便是这次世界博览会中的建筑，铁塔塔身全部采用钢铁结构，塔柱基础采用加固的石料做支撑。这个全部用钢铁结构建成的建筑，是那次世界博览会留下的唯一建筑，也成为现代建筑发展水平和工业化胜利象征。（图 2-7）

此外这次世界博览会的机械馆也是一座重要的现代建筑，该建筑长 114 米，宽 45 米，采用大跨度钢拱支撑，建筑顶部用钢索悬挂，对于钢铁结构和技术的运用更加成熟，具有突出的工业特征。（图 2-8）

图 2-7 埃菲尔铁塔

图 2-8 巴黎世博会机械馆

第三节 "工艺美术"运动对建筑发展的影响

1. 约翰·拉斯金的理论思想

1851 年，伦敦世界博览会展出之后，英国美术理论家、教育家约翰·拉斯金对这届博览会展出的建筑及展品提出尖锐的批评并提出了自己关于现代设计的理念。虽然他的一些理论仍有缺陷，但为 19 世纪末的设计家、建筑家提供了发展的依据和启示。拉斯金对于设计理论最重大的贡献体现于以下几方面：强调设计的重要性，将设计同艺术区分开来，设计应作为独立学科；强调设计的功能性与民主性；强调设计要为大众服务，反对设计的精英主义，体现应用艺术中早期的社会主义思想，具有社会主义色彩；强调形式与功能的关系，主张设计从自然形式和哥特风格中寻找灵感；提出早期功能主义设计原则立场，反对"为形式而形式"；肯定工业化在设计中的作用，他的这些思想成为设计理论史上的重大突破。但不可否认的是，拉斯金的设计思想中也存在一些自相矛盾和混乱的内容，他认为工业化生产过程使工人成为生产线的附属，丧失了劳动的乐趣，这与他本人对工业化肯定的积极态度存在矛盾。尽管如此 19 世纪下半叶直至第一次世界大战爆发前拉斯金的理论为当时的设计家们提供了重要的思想依据，影响巨大，他的思想理论也通过英国的"工艺美术"运动得到体现，成为这个运动的宗旨，而他的社会民主思想为现代建筑奠定了意识形态基础。

2. "工艺美术"运动对建筑发展的影响

"工艺美术"运动是 19 世纪下半叶，在工业化发展的特殊背景下，一小部分受约翰·拉斯金设计思想影响的英美建筑师和艺术家面临工业化对传统建筑和传统手工艺品的威胁，发起的一场具有实验性质的设计运动。这场运动的理论指导是约翰·拉斯金，主要人物是设计家威廉·莫里斯。"工艺美术"运动主张设计要回归中世纪的传统，还原手工艺行会的传统，主张设计的真实、诚挚，形式与功能的统一，主张在设计装饰上要师法自然，他们的目标是"诚实的艺术"。运动复兴了哥特风格为中心的中世纪手工艺风气，通过建筑及产品设计体现出民主思想，在家具及平面设计等方面也产生了深刻影响。

工艺美术运动设计家威廉·莫里斯与菲利普·魏布合作为自己设计的住宅"红屋"是其重要的设计探索。"红屋"住宅的设计采用了非对称性布局，抛弃了表面粉饰，采用红色砖瓦作为建筑材料与装饰，还采用塔楼、尖拱入口等哥特式建筑细节特点，一反当时维多利亚风格，建筑呈现典雅、美观特点，"红屋"也是因建筑的红色砖瓦而得名。（图 2-9）

这个项目体现了拉斯金思想的影响，奠定了"工艺美术"运动的基本原则：既非工业化的也非烦琐维多利亚风格的，而是功能性、亲和性、中世纪、浪漫主义的，除了部分吸收英国中世纪特别是哥特风格细节来设计住宅建筑外，"红屋"的成功还在于莫里斯从统一的方案出发，设计了整个建筑的室内、家具等所有用品，从而保持风格的统一。"红屋"的建筑和室内用品以及莫里斯后期设立的事务所所涉及的室内装饰品、工艺品等都具有鲜明特点，为"工艺美术"运动风格奠定了基础。

图 2-9 莫里斯红屋

"工艺美术"风格呈现的特点可总结如下：明确反对机械化生产，强调手工艺；反对装饰上矫揉造作的维多利亚风格、笨重烦琐的巴洛克风格以及其他古典传统复兴风格，提倡哥特风格和其他中世纪的风格，讲究简洁、朴实无华以及良好的功能；主张设计的诚实质朴，反对哗众取宠、浮华的设计趋势；装饰上推崇自然主义东方装饰，具有东方艺术的特点。推崇日本式的平面装饰，常采用卷草、花卉、鸟类等自然元素作为装饰构思，使设计别具风采。（图 2-10）

图 2-10 威廉·莫里斯壁纸

英国"工艺美术"运动中的建筑设计表现为强烈的自我建筑设计原则，突出功能第一原则、强调就地取材、采用本地建筑方法与技术并在充分考虑装饰与本地建筑历史间文脉关系的基础上选择历史装饰风格，反对滥用建筑装饰。英国的"工艺美术"运动也在 19 世纪末影响了美国设计，如美国建筑家赖特早期作品、格林兄弟所设计的"根堡"住宅、亨利·理查逊设计的马萨诸塞州坎布里奇市的斯托顿住宅以及罗德岛州施里斯托的罗威住宅都是体现了工艺美术运动的典型特征。（图 2-11）

虽然"工艺美术"运动中的设计先驱在维多利亚的矫饰风气中能够从中世纪的淳朴风格中汲取养分并从大自然及东方文明中提炼装饰元素，探索并创新风格，但是由于该运动对于工业化的反对和对机械化和大批量生产的否定都导致它不可能成为未来时代潮流的主流风格。不过在"工艺美术"运动的影响下，一场更大规模、影响更广泛的设计运动在欧洲大陆兴起。

图 2-11 谢曼住宅

第四节 "新艺术"运动对建筑发展的影响

1. "新艺术"运动概述及特点

新艺术运动是 19 世纪末 20 世纪初于欧洲和美国兴起的规模宏大、内容广泛的设计运动，内容涉及建筑、产品、服装、平面等多领域，但"新艺术"运动并非单纯的一种风格，不同设计家与不同国家、不同流派风格各异，但因其时间、思想、根源等影响因素存在联系，所以都属于同一场运动，是"新艺术"运动风格的组成部分。

同"工艺美术"运动相似的是，"新艺术"运动亦是对过分装饰的风格和工业化风格的反对，强调从自然界汲取设计灵感作为装饰动机并且在很大程度上也受到日本装饰风格的影响。但"新艺术"运动不像"工艺美术"运动那样推崇哥特风格，强调对手工艺的复兴，而是抛弃任何一种传统的风格，完全走向自然主义，在自然形态中寻找装饰的构思，突出表现曲线、有机形态，讲求装饰的整体感。

2. 各国的"新艺术"运动

于 1895 年左右在法国兴起，影响的地域范围也遍及欧洲和美国，内容几乎席卷设计的各方面，在不同国家兴起的运动虽名称各异但内容与形式仍相近。

2.1 巴黎的"新艺术"运动

"新艺术"运动的发源地是法国，而巴黎是其中的一个发展中心，范围除了建筑室内也包含了公共设施装饰以及家具、平面设计等。法国的"新艺术"运动在设计组织上是由几个关系密切的设计团体为中心的，超越了英国"工艺美术"运动小规模的手工作坊形式。"新艺术之家""现代之家"及"六人集团"便是巴黎的"新艺术"运动影响最大的三个设计集团。这些设计集团设计的家具、室内装饰及日用品等设计作品都展现出自然主义、具有有机形态的"新艺术"风格特征。其中六人集团中的建筑师吉马德所设计的巴黎地铁入口是法国"新艺术"运动风格在公共设施装饰设计上的很好体现，地铁入口的顶棚、栏杆模仿植物枝干、藤蔓弯曲缠绕的姿态形状，顶棚还采用了海贝形状做处理，充分发挥了自然主义的特点。（图 2-12）

图 2-12 新艺术运动巴黎地铁入口

2.2 比利时的"新艺术"运动

1900 年前后"新艺术"运动在比利时开展起来，亨利·凡德·威尔德是这一时期最杰出的设计家、建筑家，他的设计原则理论和设计实践使他成为比利时乃至世界现代设计的先驱之一。1906 年他于德国魏玛建立工艺美术学校，这所学校成为早期德国现代设计教育中心，也是日后著名的包豪斯设计学院的前身。此外费尔德还作为德国设计协会——德意志工作同盟创始人之一参与德国的现代设计运动。与"新艺术"运动中大多数设计家反对机械与现代技术的态度不同的是，费尔德认为应当将机械适当运用于设计并且提出"产品设计结构合理、材料运用严格准确、工作程序明确清晰"的设计基本原则。费尔德设计的布劳曼维尔伏住宅是"新艺术"运动的代表作。（图 2-13）

图 2-13 布劳曼维尔伏住宅

除了费尔德，比利时的维克多·霍塔也是"新艺术"运动建筑设计家的杰出代表。他于布鲁塞尔设计的塔塞旅馆是"新艺术"运动最杰出的设计作品之一。建筑的外表、室内设计以及栏杆、灯具等设计都具有"新艺术"运动风格的曲线优美、色彩协调的特点。（图 2-14）

2.3 西班牙"新艺术"运动

高迪是西班牙"新艺术"运动的代表人物，高迪的设计并非单纯的风格，而是将各种风格折中处理。高迪设计时期起初是"摩尔风格阶段"，将阿拉伯摩尔风格经折中处理，极具特色。文森公寓便是他的第一个摩尔风格建筑，墙面大量采用釉面瓷砖做镶嵌处理具有强烈的摩尔风格特点。与文森公寓风格相似的是高迪为圭尔家族设计的圭尔宫。（图 2-15 至图 2-17）

图 2-14 塔塞旅馆

图 2-15 文森公寓

图 2-16 高迪设计的圭尔宫入口

图 2-17 高迪设计的圭尔宫入口

图 2-18 古尔公园局部

图 2-19 古尔公园

图 2-20 古尔公园局部

图 2-21 巴特罗公寓内部

图 2-22 巴特罗公寓

高迪中期的作品大部分带有哥特风格,运用哥特式的飞肋和尖拱门式窗户等建筑装饰。中年之后高迪逐渐摆脱了单纯的哥特风格,形成独具特色的风格道路,即具有有机特征的风格和神秘传奇的色彩。1898 年他为卡尔维家族设计的巴塞罗那的住宅便是他设计风格转变的转折点。古尔公园也是高迪一个重要的设计,这个项目高迪虽没有完成古尔所设想的英式园林公园设计的宏大设想,但是完成了其中两个建筑的设计,在项目的设计中高迪将设计、艺术、雕塑设法混为一体,用建筑表现立体的绘画,造型与装饰构思充满天真想象。(图 2-18 至图 2-20)

1904 至 1906 年高迪设计的位于巴塞罗那的公寓住宅——巴特罗公寓,进一步发展了高迪在古尔公园上的想象力,标志高迪个人风格的形成。屋顶外型象征海洋及海生动物的巴特罗公寓,充满想象力。(图 2-21、图 2-22)

高迪设计的米拉公寓是将有机主义特点、曲线风格发挥极致的作品,是"新艺术"运动的极端之作。建筑外表及内部家具、门窗、装饰构建都尽量避免使用直线及平面,采用完全有机形态,吸取动物、植物形态进行造型构思。(图 2-23)

图 2-24 圣家族大教堂内部

图 2-23 米拉公寓

高迪最重要的设计仍属圣家族大教堂,高迪投入 43 年之久但至终仍未完成,教堂的有机结构外形像是对当时工业化风格的挑战。(图 2-24、图 2-25)

图 2-25 圣家族大教堂

2.4 苏格兰的"新艺术"运动

"新艺术"运动虽不及"工艺美术"运动在英国有广泛影响,但苏格兰格拉斯哥市的马金托什和他的合伙人组成的"格拉斯哥四人"的探索获得国际的高度评价。马金托什设计的格拉斯哥

艺术学院具有"新艺术"运动风格的特征，同时也包含了现代主义的特点，是 20 世纪经典之作。（图 2-26）

图 2-26 格拉斯哥艺术学院

格拉斯哥艺术学院建筑的外部与内部所采用的简单几何形式稍加细节装饰使得整栋建筑极具整体感，是立体主义的建筑探索。建筑室内的设计避免烦琐细节的装饰，多利用直线搭配进行装饰，配合木料的结构，整体显得朴素大方，这个建筑也是"格拉斯哥四人"风格的体现。（图 2-27）

图 2-27 格拉斯艺术学院图书馆

马金托什主张直线、简单几何造型与中性颜色等主张与"新艺术"运动主张曲线、自然的装饰动机，反对直线、几何造型、中性颜色，反对机械和工业化生产的主张恰恰相反，而他的探索为工业化、批量化创造了可能，从而成为从"新艺术"运动等手工艺运动迈向现代主义运动的过渡性人物。

2.5 奥地利"分离派"与德国的"青年风格运动"

奥地利"分离派"运动中重要的设计家约瑟夫·霍夫曼于 1905 年所设计的斯托克列宫是其最有名的作品。该宫殿采用立方体形式，有少量立体雕塑装饰，混凝土与金属构建相得益彰，成为现代建筑发展的重要里程碑。（图 2-28）

图 2-28 布鲁塞尔斯托克列宫

约瑟夫·M. 奥尔布里奇是"分离派"运动的另一位建筑家，他设计的维也纳分离派总部集中体现了"分离派"风格，建筑采用简单几何体，立面少量采用植物纹样装饰，表现了功能与装饰相互吻合的特点。（图 2-29）

图 2-29 奥尔布里奇维也纳分离派总部

德国"青年风格"运动最重要设计家是德国现代设计奠基人也是被誉为德国现代设计之父的彼得·贝伦斯。他于 1901 年设计的私人住宅体现出与维也纳分离派相似的风格特征，表现出功能主义和简单几何体的使用倾向，朝着现代主义的功能主义方向发展。他在 1909 年为德国电气公

司（AEG）设计的厂房，使用钢铁和混凝土为基本建筑材料，结构上偏向幕墙方式发展，具有功能主义发展特点。（图 2-30）

图 2-30 彼得·贝伦斯设计的 AEG 厂房

"新艺术"运动 19 世纪 90 年代开始影响欧美，成为当时影响力最大的设计运动，虽在各国风格各异，但都是对建筑新风格的探索，但所采用的方式，如自然主义的装饰构思和风格等使得这个运动仅仅停留在表面装饰上，依然是为豪华、奢侈所服务的。"新艺术"运动反对矫揉造作风气以及功能主义的思想特征以及一些设计家的设计尝试预示着现代主义时代的到来。

第五节 "装饰艺术"运动对建筑发展的影响

20 世纪初期现代化与工业化大趋势以及西方社会普遍繁荣的背景促使了设计新的实验探索——"装饰艺术"运动。"装饰艺术"具有广泛的运动范围，而不是单一的设计风格。与"新艺术"运动不同的是"装饰艺术"运动反对古典主义、自然有机形态与单纯手工艺，而是主张机械化的美，因此更加具有时代积极意义。"装饰艺术"运动还受到现代主义在设计材料使用和设计主题选择方面的影响。但是，它与现代主义在为公众服务方面的立场不同，"装饰艺术"运动仍是站在为权贵设计的立场。

"装饰艺术"运动名称来源于 1925 年巴黎举办的"装饰艺术展览"，这个展览的会场设计将"装饰艺术"运动风格在建筑形式上充分体现，也是法国的"装饰艺术"运动在建筑领域为数不多的体现。（图 2-31）

图 2-31 巴黎展览会的入口

由于"装饰艺术"运动的发起在第一次世界大战之后，欧洲等国因战争的创伤未有足够财力支持大规模建筑实验。相比之下，一战后国力鼎盛、建筑业发达的美国便成为真正在建筑设计及相关领域体现"装饰艺术"风格的国家，而纽约是美国"装饰艺术"运动的主要场所。虽然当时美国建筑家开始探索使用新的材料，特别是金属与玻璃，但是并非是单纯因使用功能的运用，而是应用于装饰的部分。1926 年建成的纽约电话公司大楼，现称巴克利·威谢大厦是纽约最早的"装饰艺术"风格建筑。（图 2-32）

1930 年由威廉·凡·阿兰设计的克莱斯勒大厦也是极具代表性的"装饰艺术"风格的建筑。（图 2-33）

此外，威廉·兰柏设计的帝国大厦也具有强烈的"装饰艺术"风格特征，影响超过了克莱斯勒大厦。此后"装饰艺术"风格建筑在美国多地流行。（图 2-34）

"装饰艺术"风格最为杰出的代表是 1930 年在纽约完工的洛克菲勒中心。这一涵盖了多栋建筑及园林的综合项目在建筑的结构、风格以及室内设计等方面体现了"装饰艺术"风格，其中的"无线电城音乐厅"更是美国"装饰艺术"风格建筑的典范。（图 2-35、图 2-36）

在纽约发展起来的美国"装饰艺术"风格也传到了西海岸，大部分集中于洛杉矶，而洛杉矶的"装饰艺术"建筑主要分为"曲折型现代建筑"和"流线型现代建筑"。罗伯特·V. 德兰所设计的洛杉矶的可口可乐公司大厦便是从汽车设计上演变而来的流线型风格应用于建筑的设计并加以强调的具体案例。

图 2-32 装饰艺术运动纽约电话公司大楼

图 2-34 帝国大厦

图 2-33 克莱斯勒大厦

图 2-35 洛克菲勒中心 GE 大楼

图 2-36 洛克菲勒中心音乐厅

图 2-37 洛杉矶可口可乐公司大厦

该建筑墙体采用铝等工业材料做装饰，设计极具时代感、速度感，完全区别于古典的样式，体现现代流行时尚。（图2-37）

美国西海岸的"装饰艺术"风格越来越多地体现工业化简单几何特征，采用曲折线条和形体结构以及流线型造型，时代感极强，并且吸收当地装饰的构思。美国的"装饰艺术"区别于法国，突破为权贵服务的圈子而越来越多面向社会大众，体现公共性。

美国对于世界设计的特别贡献要属"好莱坞风格"，这也是"装饰艺术"风格在美国的另一个发展。这种起初针对电影院的设计传遍北美及欧洲，进而影响到建筑、室内等设计风格。美国在电影院、百货公司、体育馆等公共建筑上的设计目的超越了为权贵服务的局限从而为"装饰艺术"运动赋予民主化的特征。（图2-38）

除了美国，英国的"装饰艺术"运动在建筑和室内设计上也颇有建树，且在大型公共建筑中有集中的体现。如1930年由奥里维·伯纳德设计的斯特兰宫殿大旅馆具有英国"装饰艺术"运动典型特征，室内采用玻璃镜子与玻璃壁板，曲折线、闪电图案、放射图案与扇形图案以及古埃及风格的人体装饰图案都是"装饰艺术"风格典型图案。大厅内的金银装饰图案与辅件及漆器也显得鲜艳夺目。（图2-39）

图2-38 洛杉矶奥西斯影院

图2-39 斯特兰宫殿大旅馆

图 2-40 英国胡佛工厂大楼

英国最大最著名的"装饰艺术"风格建筑是1932年由华尔·吉塔尔建筑事务所设计的胡佛工厂大楼，外形边角采用曲线与曲面处理，白色石料墙面采用红、黑、蓝灯彩釉磁瓦镶嵌装饰，并体现折中装饰主义。（图2-40）

"装饰艺术"运动是装饰运动在20世纪初的最后尝试，它与现代主义设计运动几乎同时发生，但是由于其强调为上层顾客出发，并未成为真正的世界性设计运动，因此在第二次世界大战后未得到继续发展，但是"装饰艺术"运动在装饰构思、设计手法、材料运用上却给我们带来思考与借鉴。

第三章 现代主义建筑运动的发展

第一节 现代主义建筑理论产生背景与现代设计思想先驱

1. 现代主义建筑理论的产生

英国在18世纪中期开展工业革命，随之带来的是城市的急剧扩张、人口猛增和严峻的住房问题，这一切都为城市规划提出新的挑战，也促使建筑设计为急速变化的社会需求提出解决策略。因此，现代建筑起源于社会的需求。

现代建筑和现代设计改变了为权贵服务的立场，主张设计要为人民群众服务，带有鲜明的民主特性和社会主义倾向，通过简单的几何形式降低造价与成本从而更好地为大众服务成为现代设计的核心内容。"现代主义"是影响持续深远、涵盖范围广泛的运动，它不仅包括反对任何装饰的形式风格以及对钢筋混凝土、平板玻璃、钢材等新材料的运用，也包含了具有革命性的、民主性的、社会主义倾向的对传统意识形态的革命。现代主义建筑与设计是现代主义的重要组成部分，现代主义设计从建筑设计发展起来并将影响扩展到产品设计、平面设计等多方面从而形成完整的体系。

现代建筑运动在德国、十月革命后的俄国与荷兰发展起来。俄国的构成主义建筑运动和设计运动明确提出设计为无产阶级服务；荷兰"风格派"设计运动是单纯的美学运动，集中于美学原则的探索；德国的现代设计运动起始于德意志"工作同盟"至"包豪斯"设计学院为高潮，初步建立现代主义设计的构架直至战后影响世界。

2. 德国的工作同盟

1907年，穆特修斯、贝伦斯等人成立了德意志工作同盟，它是德国第一个设计组织，它的成立标志着德国现代主义运动的开始，也是现代设计史上的重要事件。德意志工作同盟提倡艺术、手工艺与工业的结合，反对任何装饰，主张标准化，重视与强调功能主义，对德国的建筑设计和现代设计的发展起到推动作用。1927年在经历了第一次世界大战的创伤之后，德意志工作同盟于斯图加特举办了"魏森霍夫现代建筑展"，展览中的建筑使用标准的预制件，价格低廉，集中表现了现代主义形式和功能与风格。

1930年的巴黎世界博览会也展出了德意志工作同盟的作品，其作品在标准化、以及材料和设计观念上的现代程度受到高度评价。

3. 现代设计的先驱

3.1 阿道夫·卢斯

奥地利现代建筑奠基人阿道夫·卢斯是较早提出现代建筑设想的建筑家，他的思想促进了现代设计运动的形成。在他的《装饰与罪恶》一书中明确提出了反装饰的原则立场，认为简单几何形式与功能主义的建筑才符合20世纪大众需求，建筑的精神应该是民主的而非为少数权贵的。1910年他设计了位于维也纳的古德曼与沙拉什大楼体现了他的反装饰和功能主义的原则立场，大部分立面为空白，用大理石为墙面，局部采用少量装饰。（图3-1）

3.2 亨利·凡·德·威尔德

比利时建筑家、设计家亨利·凡·德·威尔德是世界现代设计的重要奠基人之一。威尔德是比利时"新艺术"运动的代表人物，1912年威尔德于德国魏玛设立魏玛艺术与工艺学校，这所试验性的艺术学校便是世界第一所现代设计学院的包豪斯的前身。此外他还积极参与实践，促进德国现代设计与现代建筑的发展。1914年威尔德参与组织德国工作同盟于科隆的展览，并设计工作同盟大楼内部的剧院，剧院的设计体现了强调功

能取消装饰的特点。不过威尔德却对设计的标准化与批量化持着保守立场。

图3-1 古德曼与沙拉什大楼

图3-2 彼得·贝伦斯设计的AEG公司LOGO

3.3 彼得·贝伦斯

德国建筑家、设计家彼得·贝伦斯是德国现代工业建筑设计与工业产品设计的先驱，在现代建筑史上有着举足轻重的地位，并对现代建筑的奠基人格罗皮乌斯、密斯、柯布西耶产生重要影响。

1907 年贝伦斯受邀为德国电器公司设计工业产品和企业标志，其间设计了形式简洁且功能良好的一系列工业产品以及企业的标志、标准字体等，奠定了企业形象设计系统的基础。（图 3-2、图 3-3）

他为德国电气公司设计的工厂厂房及管理大楼等建筑也体现出对于材料及结构的突破，如涡轮机工厂建筑就是采用了钢筋混凝土结构，实质上部分采用了玻璃幕墙结构，在当时体现出新颖性，现代的材料与结构为工厂内部提供足够宽敞的内部空间。（图 3-4、图 3-5）

图 3-3 彼得·贝伦斯设计的水壶

图 3-4 AEG 涡轮工厂内部

图 3-5 AEG 涡轮工厂

4. 第一代现代主义设计大师

4.1 沃尔特·格罗皮乌斯

沃尔特·格罗皮乌斯是现代建筑、现代设计教育以及现代主义设计最重要的奠基人之一。格罗皮乌斯的设计思想体现出民主性与社会主义倾向，他认为建筑设计要考虑所服务的对象，服务于社会大众的设计应当考虑经济性，尽可能降低建筑成本，注重建筑本身的比例、均衡、细节的加工，而非注重烦琐装饰细节，并且建筑的形式也是由建筑的功能决定而不是设计决定。

他在现代建筑实践方面最为出名的作品是法格斯工厂大楼和科隆的德意志工作同盟的总部大楼。法格斯鞋楦工厂厂房设计于1911年，位于德国莱茵河畔，是欧洲第一个完全采用钢筋混凝土、玻璃幕墙结构的工业建筑，透过玻璃幕墙建筑内部结构完全展露。这个造型简单，外形似长方体玻璃盒子的建筑为现代建筑奠定形式、结构基础，成为全世界现代建筑的典范。（图3-6）

图3-6 法格斯工厂大楼

在1914年德意志工作同盟大楼的设计中，格罗皮乌斯继续实践着他的现代主义设计方法与原则，从建筑的功能出发，运用以钢筋混凝土、玻璃为主的现代建筑材料，采用玻璃幕墙结构，将楼梯包藏于玻璃圆柱结构之内从而将玻璃幕墙楼梯间结构引入建筑设计。他的现代化的设计手法与设计观念成为现代建筑的重要探索。（图3-7）

第一次世界大战的爆发使得格罗皮乌斯意识到了机器对社会的消极影响，对于机器的态度也从崇拜变成了更理性的分析。因此，他希望通过设计教育达到改变德国社会的目标。包豪斯的建立反映了格罗皮乌斯思想的巨大变化，从这个意义上说，包豪斯不仅限于设计本身，还包括社会性的和乌托邦的。

1919—1928年由他创建的设计学院——包豪斯设计学院则是他对于现代设计教育事业的非凡贡献，对今后世界设计教育的发展产生重大影响。1938年他移民美国后，又进一步推动现代建筑、现代设计以及现代设计教育体系的国际化发展。

图3-7 德意志工作同盟大楼

4.2 密斯·凡·德罗

密斯·凡·德罗是最著名的现代主义建筑设计大师之一，他奠定了现代主义建筑的风格，他的著名的"少就是多"的思想对现代设计产生深远影响。密斯对于建筑设计完全是从技术层面进行看待，而不去考虑建筑的社会性，体现强烈的非政治化立场。

密斯早期的设计项目较少，对于未来建筑的标准化、批量生产、无装饰的设计构想大部分体现于草图。直至1928年后密斯将他的设计思想落实于具体项目之中使得其设计观念得以体现。如1930年的图根哈特住宅便是他现代主义观念的体现。（图3-8）

图 3-8 图根哈特住宅

图 3-9 西班牙巴塞罗那世界博览会的德国馆

图 3-10 西班牙巴塞罗那世界博览会的德国馆内部

二战前密斯最为重要的建筑设计作品便是 1929 年的西班牙巴塞罗那世界博览会的德国馆设计，此馆的设计集中展现了密斯的设计思想和功能主义的立场，也是密斯设计思想和设计生涯中的里程碑式的建筑。巴塞罗那世界博览会德国馆建筑坐落在一个平台之上，分场内与场外两部分，钢筋混凝土薄平顶用钢柱支撑，此结构使得建筑的内部空间宽敞通透，半透明的玻璃和大理石作为分隔使室内形成了不同的展览区域；除了室外水池中的雕塑外没有多余烦琐的装饰。除了建筑的设计，密斯设计的"巴塞罗那椅子"也成为现代设计的经典之作。（图 3-9 至图 3-11）

图 3-11 巴塞罗那椅子

密斯在现代设计教育上令人瞩目的工作是 1931 年担任包豪斯设计学院的第三任校长，在这期间他结束了学校受泛政治思想干预的状况，并将教学模式由以工业产品设计为中心转向以建筑教育为中心，进行了学院的结构性改革，这也是他现代设计思想的另一个体现。

4.3 勒·柯布西耶

勒·柯布西耶是机器美学的重要奠基人，他否认传统装饰，认为机械的美才最能代表未来，并在建筑、城市规划上表现出对于机械的效仿，提出"建筑是居住的机器"。他的设计思想另一个内容便是希望通过设计来创造美好的社会面貌从而避免社会革命，维护社会稳定，这也是他在第一次世界大战之后立场的转变。

第二次世界大战前，在柯布西耶设计的第一阶段，他做出一系列建筑设计以及城市规划的探索，对后来的国际主义建筑以及城市发展具有重要意义。

1922 年巴黎举办的春秋沙龙中柯布西耶展出了未来城市规划和未来住宅的模型和设计，完整诠释了他的现代城市规划设计和现代建筑的基本思想和基本原则。"雪铁罗翰住宅"的设计方案展现出他的现代建筑构想以及现代建筑核心的原则即柱结构支撑、建筑下部留空呈现建筑的六个面、屋顶采用平顶结构并设置天台，室内完全开敞没有装饰立面、窗结构独立。

1925 年巴黎的"装饰艺术展览"上柯布西耶设计的"新精神宫"以其简洁的建筑形式、立体主义画家的纯色系列以及鲜明的工业化特点体现出柯布西耶的现代建筑思想与立体主义形式特征。（图 3-12）

第二次世界大战爆发前柯布西耶所设计的众多住宅建筑中最具影响力的便是他在 1923—1930 年期间设计的萨伏伊别墅。建筑整体为白色，无装饰；采用钢筋混凈土结构柱支撑，展现建筑的六个面；室内空间开敞，隔断分隔使得布局自由；宽大的玻璃窗将室外阳光与景色引入室内；楼顶设置休息区。建筑完整展现柯布西耶的现代建筑基本原则，为现代建筑发展指明前途。（图 3-13 至图 3-15）

图 3-12 新精神宫

图 3-13 萨伏伊别墅

图 3-14 萨伏伊别墅室内

图 3-15 萨伏伊别墅

1929 至 1933 年间，柯布西耶完成了两个重要的建筑设计项目——巴黎救世军旅馆和服务中心大楼以及巴黎市立大学瑞士学生宿舍。在巴黎的救世军旅馆和服务中心大楼的设计上，柯布西耶在不透明的玻璃墙内设置中央空调，起到分隔功能以及空气调节功能；在学生宿舍的设计上他则将宿舍区和生活服务区分割开来，之间用廊进行连接，而 V 形支柱支撑钢筋混凝土结构将底部暴露也延续了建筑六面的现代主义基本原则。此外柯布西耶还在学生宿舍的设计上采用不加粉饰的混凝土墙面，使得墙面保留水泥木板原始粗糙的痕迹，而这也成为他设计的标志特点，在 20 世纪 60 年代促进"粗野主义"的发展。粗糙的水泥表面与巨大的 V 形支柱已超越了纯粹的功能而体现出个人表现主义的内容。（图 3-16、图 3-17）

图 3-16 柯布西耶设计的巴黎救世军旅馆

图 3-17 巴黎市立大学瑞士学生宿舍

4.4 阿尔瓦·阿尔托

芬兰建筑家和设计家阿尔瓦·阿尔托是现代建筑的重要奠基人之一，被誉为"北欧的现代建筑之父"，在现代城市规划和产品设计方面也有着重要影响。他强调有机形态和功能主义相结合，在建筑设计中广泛采用木材、砖等传统建筑材料，使得建筑更具有人情味，创造了建筑人性化的可能，从而在典型现代主义的功能性、民主化特征之外开拓了更加重视人心理需求、具有浓郁人文色彩的设计方向，奠定了现代斯堪的纳维亚设计风格的理论基础。他基于所处寒冷的芬兰地区的环境，在现代建筑思想之上加入个人特色，形成独特的现代建筑思想，体现出了他对于建筑与环境关系以及与人心理感受的思考。

阿尔托设计生涯中重要的项目包括图尔库的报社建筑萨诺玛特大楼、帕米欧的肺结核疗养院以及维普里市公共图书馆。（图 3-18 至 3-22）

图 3-18 萨诺玛特大楼

图 3-19 帕米欧的肺结核疗养院

图 3-20 维普里市公共图书馆

图 3-21 维普里市公共图书馆内部

图 3-22 维普里市公共图书馆内部

图 3-23 玛里亚住宅

这些项目建筑体现出的功能主义、理性主义，形式朴素以及钢筋混凝土结构等现代建筑的基本特征与其他现代建筑家的探索类似，但阿尔托也有着自己的探索与设计处理，比如他突破简单的几何形式，在建筑上采用部分有机形态；在室内材料运用上使用相当数量的木材突破了单纯的钢筋混凝土带来的冷漠感，同时也对室内的照明做了探索，大尺寸的顶部圆筒形照明孔白天引日光入室，夜晚作为人造光源，减少因日落过早而带来的心理压抑感。此外他还利用蒸汽弯曲木材的技术设计木家具来使整个建筑设计协调，风格统一，这些有机功能主义特色的家居也成为现代家居设计中的经典。阿尔托的"有机功能主义"是他的设计呈现的独有特色，也成为现代建筑的重要组成部分与核心内容。

阿尔托在 1938 年设计的玛里亚住宅，其室内以及家具的设计也是有机功能主义的很好体现。（图 3-23）

1937 年的巴黎世界博览会芬兰馆与 1939 年的纽约世界博览会芬兰馆的设计也是阿尔托发挥有机形式特点的代表作品。室内采用弯曲的木条组合成多层墙面，显得生动、富于变化而又不失简洁。（图 3-24）

阿尔托设计的家居与玻璃器皿也是具有自我表现特点，具有独特品味与人情味。（图 3-25、图 3-26）

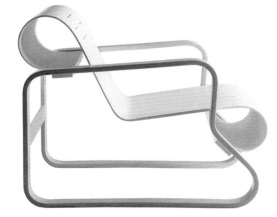

图 3-25 阿尔托设计的座椅

图 3-26 阿尔托设计的萨沃伊花瓶

第二节 包豪斯学院

包豪斯学院是由德国建筑家沃尔特·格罗皮乌斯于 1919 年创建的一所专门发展设计教育的学院，在建筑设计、工业设计、平面设计、艺术等多方面都为新的教育体系奠定了基础，从而推动欧洲现代主义设计发展走向新的高度。

包豪斯学院发展经历了魏玛的创立阶段（1919—1925）、德绍的成熟阶段（1925—1932）和柏林的尾声阶段（1932—1933）三个时期，先后由沃尔特·格罗皮乌斯、汉尼斯·迈耶与路德维希·密斯·凡·德·罗担任校长，最终于 1933 年被纳粹政府强行关闭，但其对现代设计与设计教育的影响仍然巨大。主要表现在包豪斯学院为现代设计教育奠定了结构基础；开启了应用现代材料、批量生产为目的的现代主义工业产品设计的基础；采用工作室体制展开教育并建立起与企业与工业界的关联，使现代设计与工业生产建立密切联系。

图 3-24 纽约世界博览会芬兰馆室内

在包豪斯学院的魏玛时期，格罗皮乌斯将技术性、逻辑性的工作方法与创造性的艺术相结合进行教学改革，聘任艺术家与手工匠师授课，以手工艺的训练为基础，希望使学生通过艺术的训练对材料、结构、色彩形成理性的、科学的理解。

1925 年包豪斯学院被迫进行迁移，于德绍重建。在德绍时期的包豪斯学院使用了"包豪斯设计学院"的校名，相比于魏玛时期，此时的包豪斯学院在教育体系上也进行了重要改革，形成了设计与制作一体化的教学方法，此外这一时期的包豪斯学院增加了建筑系，进一步完善设计教育体系。德绍时期的包豪斯学院新校舍亦是 1920 年代现代主义设计的杰作，格罗皮乌斯在包豪斯学院新校舍的设计中坚持强调功能的原则，设计了包含教学、工艺室、办公、住宿生活、文体生活等功能的综合性建筑群。

建筑的形式单纯，采用非对称式结构，各功能部分间以天桥连接，材料及工艺也具有现代感，总体采用钢筋混凝土结构，预制件拼装，室内用品也体现出与建筑统一的特征。作为德绍时期包豪斯学院的校长，迈耶进行课程改革，实行了设计与制作教学一体化的教学方法，促进与企业的联系，一定程度上促进学院在专业上的发展，但这一时期学院弥漫的强烈政治氛围却阻碍了学院的发展。（图 3-27）

柏林时期的包豪斯学院由密斯担任校长，包豪斯学院也转变为一所具有强烈商业目的的私立学校。在这一时期，密斯将教学重点放在建筑教育，进行了课程改革，而教学立场以及意识形态的基础相比于之前的包豪斯学院也有所转变。

1933 年纳粹政府上台，包豪斯学院面临危险处境，同年 8 月密斯无奈宣布包豪斯学院永久解散。学院的被迫解散使得教员与学生移民国外，客观上促进德国现代主义实验成果向世界更广范围传播扩散，对现代主义设计发展起到了推动作用。尤其是随着包豪斯学院的领导人来到美国，将包豪斯思想体系贯彻发展形成新的现代主义，即战后的"国际主义"风格，对世界现代建筑的发展起到深刻影响。

图 3-27 包豪斯学院校舍

第三节 俄国构成主义设计运动

除了德国包豪斯学院外，俄国的构成主义运动也对现代设计有着积极探索。俄国十月革命成功使得第一个社会主义国家——苏维埃俄国诞生，革命激发了知识分子的狂热，促使他们开始设计的探索。弗拉基米尔·塔特林在 1920 年设计的第三国际纪念塔便是最早的探索，该设计方案具有强烈的象征性，是无产阶级和共产主义的雕塑。（图 3-28）

1922 年在杜塞尔多夫举办的国际构成主义大会上，俄国构成主义大师李西斯基与荷兰"风格派"组织者西奥·凡·杜斯伯格带来了他们对于纯粹形式的观点从而促进了新的国际构成主义观念的形成。除了国际构成主义大会，在柏林举办的苏联新设计展览也是俄国构成主义成果的重要展示，也让设计的社会目的性有了认识，这也促进了包豪斯由表现主义向理性主义教学的转变，深刻影响了包豪斯学院的教育思想。

构成主义以结构为起点，围绕结构进行建筑的表现，这也成为世界现代建筑的基本原则。同时构成主义者将构成主义的形式赋予社会含义，认为设计为政治而服务。1925 年巴黎世界博览会上由梅尔尼科夫设计的苏联展览馆是为数不多的构成主义现实建筑作品。构成主义其精神与形式因素对现代设计产生了深刻影响。（图 3-29）

图 3-29 巴黎世界博览会苏联展览馆

图 3-28 第三国际纪念塔

第四节 荷兰"风格派"运动

　　风格派是荷兰艺术家、建筑家组织起的松散团体，杜斯伯格作为主要的组织者同时也是团体中心杂志《风格》的编辑者。荷兰"风格派"运动在现代主义运动中起到重要的促进作用，也是20世纪20年代前后国际现代主义运动中的组成部分。"风格派"强调设计、艺术、建筑与雕塑的有机统一，强调集体与个人、机械与唯美的平衡与统一。一些世界范围内著名的作品都是受到"风格派"风格的影响，如蒙德里安非对称式绘画、里特维德的"红蓝椅子"、奥德的"联合咖啡馆"立面和"施德罗住宅"。（图 3-30 至图 3-33）

图 3-30 蒙德里安绘画

图 3-31 红蓝椅子

图 3-32 奥德设计的联合咖啡馆立面

图 3-33 施德罗住宅

第四章 国际主义风格建筑运动的发展

第一节 国际主义风格建筑运动背景与特点

　　现代建筑在两次世界大战间的时期得到真正的发展，俄国的构成主义运动、荷兰的"风格派"运动及吸收了20世纪初欧洲各国设计探索的最新成果并加以发展完善的包豪斯设计学院为现代建筑、现代设计奠定了思想与实践的基础，进而在第二次世界大战之后发展形成国际主义风格。

国际主义设计最先起源于现代主义设计，早在1927年于德国举办的魏森霍夫现代建筑展中美国建筑家菲利普·约翰逊就将这种理性、单纯、机械感的风格称为"国际风格"。经过不断的探索与发展现代主义设计在包豪斯设计学院时期达到高峰，却无奈遭到纳粹政府的封杀，随着现代主义设计的重要人物移民美国，现代主义设计运动也在美国继续发展，这种战后"国际主义"风格影响范围涉及了许多方面，但在建筑设计领域上最先得到确立，20世纪五六十年代，美国已经建立起建筑上的"国际主义"风格，20世纪六七十年代发展至顶峰，在世界范围内产生深远影响，直至20世纪80年代衰退。

虽然战后的"国际主义"风格源于战前的"现代主义"设计运动，两者形式上十分接近，但是在意识形态方面却存在差异。战后美国的社会阶级结构有巨大的变化，中产阶级占社会大多数，这与现代主义是在面对社会阶级两级分化而以大众为服务对象进行探索的情形截然不同。并且在这一时期，美国的政府和大企业对于具有鲜明现代特征的"国际主义"风格颇为喜爱，在强大国力和充沛资金的支持下，大批现代主义特点的建筑兴建，从政府办公楼到校舍、住宅等建筑都采用混凝土预制件及玻璃幕墙结构，而这也成为国际主义建筑的标准风格。但这时的风格逐渐成为大政府、大企业和资本主义金钱与权力的象征，"少即是多"也不再是由功能出发而自然形成的形式，而是设计所刻意追求的目的，现代主义所追求的社会性与大众性也被削弱，现代主义虽在外部面貌上保持相同但内核本质却发生了改变。

这个时期除了以密斯"少即是多"原则为代表的运动外，还有以柯布西耶为代表的粗野主义、以山崎实为代表的典雅主义、以埃罗·沙里宁为代表的有机功能主义和在20世纪80年代发展至高潮的"高科技"风格。

第二节 国际主义风格建筑设计

1. 格罗皮乌斯的国际主义风格建筑设计

现代主义建筑大师在国际主义时期有着许多建筑成就，格罗皮乌斯设计的美国驻希腊的大使馆以及美国泛美航空公司纽约总部大楼是他国际主义风格的代表作。（图4-1、图4-2）

图 4-1 美国驻希腊大使馆

图 4-2 美国泛美航空公司纽约总部大楼

2. 密斯的国际主义风格建筑设计

密斯在国际主义时期也有许多代表性作品，他在伊利诺伊理工学院任教时期设计的校舍建筑是他国际主义风格最集早的体现。在伊利诺伊理工学院的规划设计中，密斯采用网格模数方式，以 7.32 米 ×7.32 米为单位，进行标准化设计，充分发挥其理性主义设计原则。校园整体布局工整，建筑也体现"少即是多"的特点。（图 4-3）

图 4-3 伊利诺伊理工学院

图 4-4 湖滨公寓

1948 至 1951 年间密斯设计的芝加哥湖滨公寓双塔是其国际主义风格建筑的又一力作，完整体现了密斯的设计思想，也开创了国际主义风格高层建筑的"双塔"模式。整套建筑由两座曲尺形相交的建筑组成，采用工字钢架与玻璃幕墙机构，造型简洁富有现代感和工业感。大堂地面与墙面与室外走廊地面同样使用浅色大理石，使得内外空间富有整体感。（图 4-4）

图 4-5 范斯沃斯住宅

范斯沃斯住宅是密斯国际主义风格时期在住宅设计方面的突出成就。整栋建筑造型简洁，采用白色钢架与玻璃幕墙结构，通体晶莹如玻璃盒子，但该建筑私密性欠佳以及维护的困难确是其显著的缺陷。密斯的范斯沃斯住宅标志着以功能与经济性考量的现代主义建筑向单纯追求"少即是多"而不顾功能良好与经济的实用性的转变。（图4-5）

1954至1958年密斯与菲利普·约翰逊设计的西格莱姆公司大楼是国际主义风格里程碑式的建筑，在世界范围内引起轰动。西格莱姆公司大楼位于纽约著名的公园大道上，建筑共有39层，外墙金属结构采用黑色青铜营造出哑光质感，垂直的钢铁结构线条清晰利落。垂直升降的窗帘设置全开、全闭与半开，使得从外部看极其工整。（图4-6）

3. 柯布西耶的国际主义风格建筑设计

柯布西耶在战后形成"模度观念"的建筑思想，试图采用与人体比例相关的模度进行建筑设计与城市的规划，以求创造人与自然和谐的舒适

环境。在设计的实践上，马赛公寓是这一时期柯布西耶本人思想的一次尝试。

图 4-6 西格莱姆大厦

图 4-7 马赛公寓

柯布西耶在以建造浓缩的社会、社区以及创造新的生活方式为目的，设计了这座联合住宅，建筑整体形似长方体混凝土盒子，内部格局多样，可容纳1800人居住，建筑中还设计了商业中心、学校，并且利用屋顶空间设计了托儿所、剧场空间。但是该建筑存在理想主义成分，未能充分考虑当地实际情况，不能很好满足当地人们的生活习惯与心理需求。（图4-7）

著名的朗香教堂也是柯布西耶尝试新的建筑设计的探索结果，也是粗野主义的代表作。该教堂采用非几何形的有机形态，顶部如同船体的造型与粗壮的钢筋混凝土结构和质感粗糙的水泥墙面都格外引人注目。此外建筑墙面倾斜，与大小不一、排列无序的窗口一同造成建筑的不稳定感，建筑内顶部的光线缝隙营造强烈而特殊的宗教感受，一系列特殊的手法都表现出宗教精神的力量。（图4-8）

图4-8 朗香教堂

柯布西耶另一个粗野主义的代表作是图列特修道院，建筑立面利用水泥板极具粗糙质感，构成主义形式的窗格，多变的形式极具节奏感，以现代的造型与结构体现出宗教精神，具有非凡影响。（图4-9）

此外印度旁遮普邦首府昌迪加尔的城市设计也是这一时期柯布西耶的重要设计项目，在这个项目的设计中，柯布西耶将自己高度理性的城市规划思想和建筑原则充分贯彻，其中立法、行政、司法三座现代主义建筑的设计依旧沿用了柯布西耶之前的风格，采用粗糙的钢筋混凝土预支结构，建筑采用简单几何体造型。（图4-10）

图4-9 图列特修道院

图4-10 印度旁遮普邦政府大楼

图4-11 纽约古根海姆艺术博物馆

4. 弗兰克·莱特的国际主义风格建筑设计

弗兰克·莱特在二战之后的最重要的建筑是纽约的古根海姆艺术博物馆，建筑外形犹如螺旋体，走廊与画廊为一体，实现了现代艺术博物馆设计观念上的突破，也区别于国际主义建筑立方体的单一面貌，极具特点，在美国的国际主义风格运动中独树一帜。（图4-11、图4-12）

图 4-12 纽约古根海姆艺术博物馆内部

第五章 后现代主义建筑运动的发展

第一节 后现代主义运动产生背景与特点

20 世纪 60 年代末，国际主义风格深刻影响了包括建筑界在内的其他设计领域，城市与建筑的面貌逐渐趋同，虽然在国际主义发展时期出现了对这种风格有所调整的、具有个人化与人情味的建筑，但都是在反对装饰的现代主义基本原则立场下而进行的，在此背景之下，以装饰性丰富现代建筑的需求促进了后现代主义的产生。20 世纪 60 年代后半期后现代主义开始萌芽，20 世纪 80 年代接近尾声，后现代主义建筑的发展过程伴随着西方社会的发展，战后社会的和平与繁荣使得享受主义大行其道，这使得后现代主义具有浪漫、装饰性、浮夸的历史折中主义色彩。

第二节 后现代主义建筑理论与建筑设计

1. 后现代主义建筑理论

建筑领域最早提出后现代主义的是美国建筑家罗伯特·文丘里，他反对密斯的"少即是多"原则，明确提出"少就是乏味"。主张从历史元素与美国的通俗文化中找寻装饰元素，并利用折中的、轻松的、戏谑性的方式进行处理。后现代主义反对"形式追随功能"，强调与重视建筑的形式，认为形式才是建筑的本质，讲究形式的美与象征性以及形式的历史内涵，在现代主义的构造与功能的基础之上进行形式上的强调与夸张。因此，历史主义与装饰主义和对历史动机的折中主义处理以及娱乐性与戏谑性的装饰细节处理是后现代主义的形式特征，体现出对历史风格的混合、拼接的处理而并非单纯的复古。

2. 后现代主义建筑设计

2.1 罗伯特·文丘里的后现代主义建筑设计

美国建筑师罗伯特·文丘里为其母亲设计和建造的"文丘里住宅"是最早的具有后现代主义特征的建筑，建筑立面采用罗马三角山花墙形式，大门入口的弧形装饰也是古典拱形的象征，而同时三角山花墙中间的开缝也形成一种戏谑的特征。（图 5-1）

图 5-1 文丘里住宅

图 5-2 英国伦敦国家艺术博物馆圣斯布里厅

　　文丘里 1986 年设计的英国伦敦国家艺术博物馆圣斯布里厅在设计风格上运用历史元素，大量的历史建筑装饰符号、结构特征与现代结构协调融合，体现出对于历史文脉的强调，且具有良好的功能性，成为后现代主义建筑的代表作品。（图 5-2）

2.2 查尔斯·穆尔的后现代主义建筑设计

　　美国建筑师查尔斯·穆尔于 1978 年设计的新奥尔良市的"意大利广场"是后现代主义的经典

之作。古典拱门形式作为历史符号反复使用，体现了折中使用历史因素的处理方式，多种历史柱式的对比与色彩的强烈对比都造成瞩目的效果。（图 5-3）

图 5-3 新奥尔良市"意大利广场"

2.3 迈克尔·格雷夫斯的后现代主义建筑设计

　　美国建筑师迈克尔·格雷夫斯最有代表性的后现代建筑作品是其设计的俄勒冈州波特兰市公共服务中心大楼。这个建筑表面装饰色彩丰富，并采用大量的古典主义装饰动机，体现出与现代主义以及国际主义完全不同的风格，走向多元与装饰主义的发展趋势，被视为后现代主义的奠基作品之一。（图 5-4）

图 5-4 俄勒冈州波特兰州市公共服务中心大楼

2.4 菲利普·约翰逊的后现代主义建筑设计

美国建筑师菲利普·约翰逊最具代表性的后现代主义建筑作品是纽约市中心的美国电话电报公司大楼（现为日本索尼公司大楼），这座大楼也被视为是后现代主义里程碑式的建筑，此后后现代主义逐渐成为世界范围内流行的新建筑风格。建筑顶部的中间带缺口的三角山花墙和钢结构外幕墙的石片材料都具有典型的历史元素，此外建筑采用的罗马、文艺复兴以及哥特风格的装饰细节也都极具古典主义的装饰特色。（图 5-5）

图 5-5 前美国电话电报公司大楼

菲利普·约翰逊所设计的休斯敦大学建筑学院大楼也是后现代主义建筑中的典型代表。建筑采用古希腊建筑与意大利文艺复兴的历史元素符号直接拼合进行设计，这种将两种不同时期的建筑符号语言赤裸裸地组合使用极具讽刺意味。（图 5-6）

图 5-6 休斯顿大学建筑学院大楼

第六章 当代建筑发展简述

在经历了后现代主义的泛滥之后，建筑逐渐抛弃烦琐花哨的装饰与色彩，逐渐转向并回归到现代主义风格上。为了区别后现代主义之前出现的现代主义，这种当今绝大部分建筑所使用的框架结构、突出功能性的建筑风格被称为"新现代"建筑。新现代建筑相比于传统的现代主义建筑最大的区别在于新现代建筑更加注重建筑与城市的关系以及公众的互动态度和空间使用等方面。此外也有少量其他风格的建筑，如高科技派、解构主义、有机现代、生态建筑、地标性建筑等。

1. 高科技派建筑

高科技派建筑运动出现于 20 世纪后期，在建筑形式上以当代高科技为突出的技术特色以及象征性内容，强调工业化的特色和技术处理的细节。运用现代工业材料、工业加工技术以及机构经夸张的处理，赋予普通的工业机械结构、构造或部件以美学含义与价值。（图 6-1）

"高科技"建筑重要代表人物理查德·罗杰斯设计的法国蓬皮杜文化中心和诺曼·福斯特设计的香港汇丰银行大楼都是"高科技"派建筑的代表作。（图 6-2、图 6-3）

图 6-1 玻璃屋

图 6-2 蓬皮杜文化中心

图 6-3 香港汇丰银行

2. 解构主义

解构主义建筑流派从 20 世纪 80 年代开始出现，同后现代主义一致，解构主义对现代主义建筑的功能主义、理性主义的方面持反对态度，并采用"解构"的手法进行处理。

"解构主义"的基本内涵是将结构即所谓的现代主义进行解构，分解、打碎而后再随机拼合进行重组，体现出对于现代主义的正统原则与标准的批判与否定。因此，解构主义建筑的特征表现为：形式与结构上无绝对权威的、带有个人性的表现，既没有现代主义的统一形式也没有后现代主义装饰戏谑手法与媚俗的色彩，而是自然的、随心所欲的与带有破碎感的。

1988 年在纽约现代艺术博物馆举办的"解构主义建筑展"首次将解构主义的概念推出，展出具有解构主义色彩的建筑作品，解构主义流派开始形成。当代著名的解构主义建筑师弗兰克·盖里设计的西班牙古根海姆博物馆是解构主义的建筑代表。（图 6-4）

图 6-4 盖里设计的西班牙古根海姆博物馆

盖里设计的维特拉设计博物馆也是其解构主义建筑设计的作品，艺术博物馆的白色方体建筑被分割后重新不规则地排列堆砌，体现出立体主义和抽象表现主义的结构方式。（图 6-5）

图 6-5 维特拉设计博物馆

1982 年的巴黎拉维莱特公园雕塑突出表现解构主义的色彩。（图 6-6）

彼得·艾森曼设计的威克斯奈艺术中心，将原本规整的正方体建筑进行分割重组。（图 6-7）

图 6-6 巴黎拉维莱特公园

图 6-7 威克斯奈艺术中心

第七章 典型真题

名词解释

1. 密斯·凡·德·罗

2. "维亚纳分离派"设计运动

3. 荷兰"风格派"风格特征

4. 英国工艺美术特点

5. 后现代主义运动

6. 水晶宫

7. 绿色设计

8. 波普运动

简答题

1. 包豪斯学院对于现代设计教学的影响。

2. 简述包豪斯学院的三个发展阶段，回答其代表人物和主要教学思想。

3. 简述包豪斯学院的产生、教学理念及历史意义。

4. 简述现代设计的背景。

5. 概述 19 世纪末 20 世纪初"新艺术"运动的设计风格特征。

6. 概述安东尼·高迪的设计风格及作品特点。

7. 概述罗马式建筑的主要特点。

8. 简述艺术批评与艺术设计理论美学的区别。

9. 简述风格派艺术特点。

10. 简述新艺术运动的五个代表人物。

论述题

1. 论包豪斯学院对于现代设计的影响。

2. 艺术批判与艺术史、艺术理论、美学的区别。

3. 试论现代主义设计的特点和代表人物。

4. 根据艺术与技术的相互关系，结合你自己的设计实践，谈谈计算机软、硬件发展的影响。

5. 试述绿色设计。

6. 试述艺术设计与科技发展的关系。

7. 试述德国现代设计发展。（德国工业同盟、包豪斯学院）

第二编 建筑结构素描

　　建筑结构素描速写是在短时间内用简练线条扼要地画出建筑和景观的外形、状态的一种绘画方式，是建筑设计、室内设计、景观设计的基本功，具体考察学生对空间具体形态的把握，以及对于环艺基本理论透视的掌握程度，整体画面黑白灰的掌控能力。重难点在于对空间的透视的把握，如何快速地找准透视并且准确的表达是考试的重点考察方向。

第一章 线的训练

　　绘画工具的准备：铅笔（自动铅、H 铅若干、B 铅若干）、炭笔（软炭若干、硬炭若干）、格尺（50cm格尺一把、其他规格一套）、转笔刀、橡皮（普通橡皮、高光橡皮）、A2 绘图纸若干。

　　建筑结构素描速写都是由各种线条来构成的，充分练习各种线条是画整幅建筑结构素描速写的基础，这个是没有捷径的，重在练习，就像达芬奇画鸡蛋一样讲求量变向质变的转变。

　　直线起笔的位置：起笔的位置要尽量在另一条线上或者两条线的交点处。

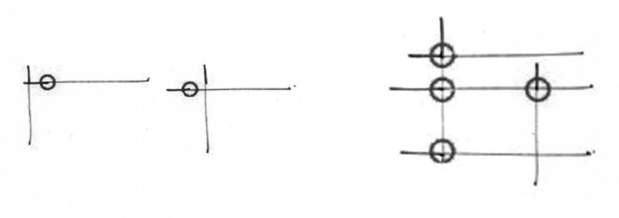

　　　　　　　　错误的起笔方式　　　　　　　　　　　　　　　　　　正确的起笔方式

　　曲线：画曲线要根据图面情况而定，初稿、中稿都可以用快线的方式来画。如果很细致的图，为了避免画歪、画斜而影响画面整体效果，我们可以用慢线的方式来画。

　　乱线：在塑造植物、纹理的时候，我们会用到一些乱线的处理方式。

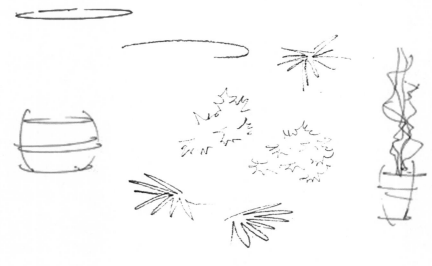

曲线与乱线

材质的表现

第二章 透视

透视是我们画图中最重要的一个部分。手绘表现是为了表达出设计师最直观，最纯粹的设计想法。作为快速表现来说，你的透视不需要非常准确。因为无论你的透视（包括尺规画图）这有多准确，也不可能比电脑软件更准确。那么是不是我们的透视又可以随便练一下就行了呢？绝对不行。我所说的透视不需要很准确，是怕有些同学太纠结于透视的问题，而忽略掉了手绘最重要的感觉。但是，我们的透视绝对不能错。如果一张图的透视错了，那么无论线条再美丽，色彩再高级，都是一幅失败的作品。如果说线条是一张画的皮肤，色彩是一张画的衣服，透视则一定是这张画的骨骼。孰轻孰重，大家自知。怎样才能够做到透视不纠结，又不出错呢？

> **名词解释：**
>
> 视平线：平视的时候与你眼睛水平的那条假想的线。
>
> 视点：视平线的中心点，也是你眼睛中心的位置。
>
> 灭点：将物体的边无限延长时最后消失的点。
>
> **透视的三大要素：**近大远小、近明远暗、近实远虚。我们在线稿部分，主要是用近大远小这个要素。

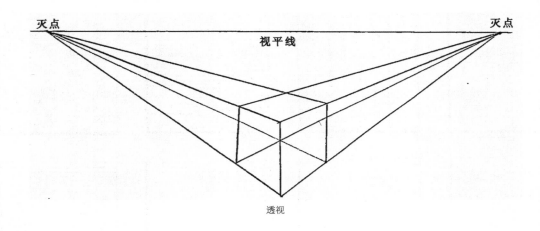

透视

第一节 一点透视

一点透视，又叫平行透视。一点透视的特点是简单、规整，表达图面更全面。其实大家在画一点透视的时候，只需要记住一点就可以了，那就是一点透视的所有横线绝对水平，竖线绝对垂直，所有有透视的斜线相交于一个灭点。如下图所示，方体的两根竖线在现实生活中是一样长的，但是由于透视的原因，我们看到离我们近的一根很长，远的一根很短。同理，其他的竖线也都是一样长的，只不过我们会看到它们越来越短，最后消失于一个点，这个点就叫灭点，又叫视点。正是因为有了近大远小的透视关系，我们才能够在一张二维的纸面上塑造出三维的空间和物体。

练习的时候要注意三点：第一是线条，要按照我们之前讲过的画线方法去画；第二是透视，不管你觉得你的透视画完多别扭，只要你严格去瞄准视点，就一定不会出错；第三是形体比例，大家可以练习将下图的 16 个方体尽可能整齐地排列好，从而提高大家对形体的掌握能力。

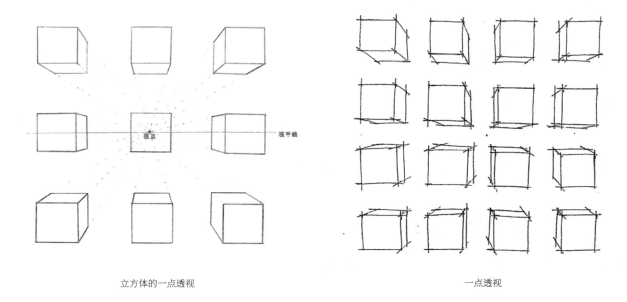

立方体的一点透视

一点透视

第二节 两点透视

两点透视是我们最常用的透视方法，其特点是非常符合人看物体的正常视角，所以画出来的图面也最舒服。两点透视的难度远远大于一点透视，错误率也很高。

想要画好两点透视，一定不要急躁，慢慢地去瞄准每条线的视点。否则你画出来的方体透视都是有问题的，你练得再多也没有意义。练习的时候应注意两点透视的两个消失点一定是在同一条视平线上。

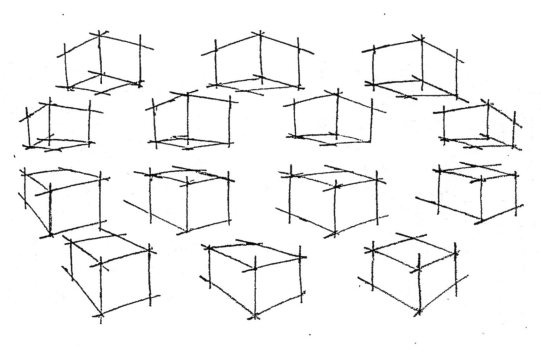

两点透视

第三节 三点透视

三点透视是在两点透视的基础之上演变而来的，从空中俯视向下看的时候会出现三点透视，垂直线向下消失在第三个透视点，也就是我们通常所说的鸟瞰图。

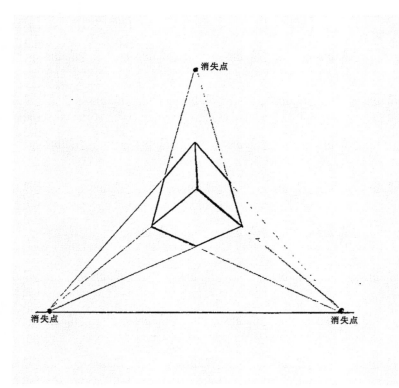

三点透视

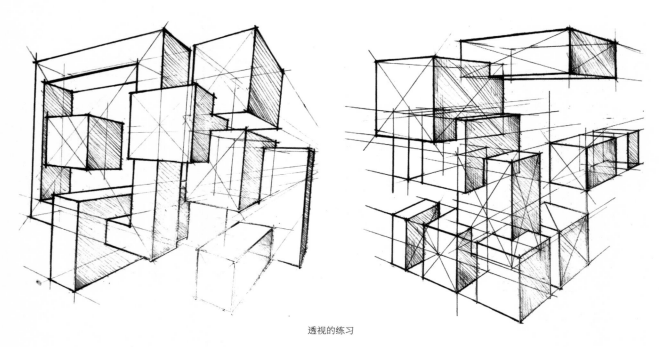

透视的练习

第四节 体块排列组合与对位插接表现训练

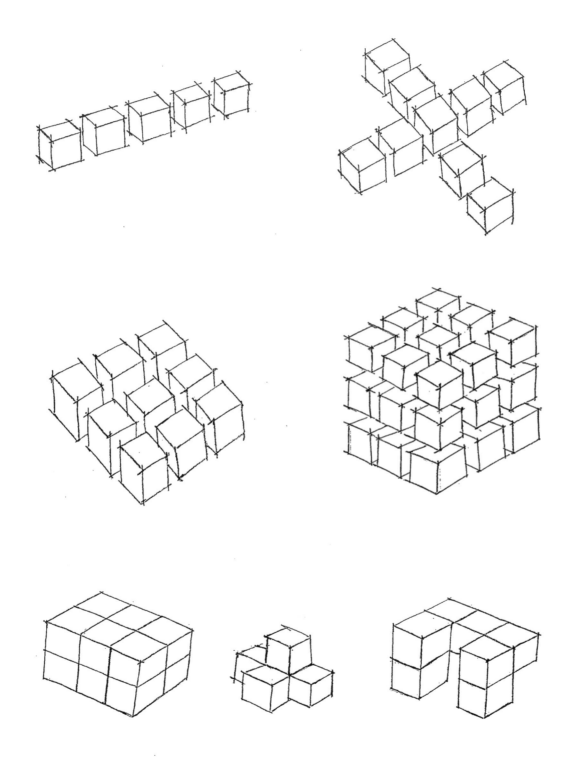

体块对位插接构思与表现训练

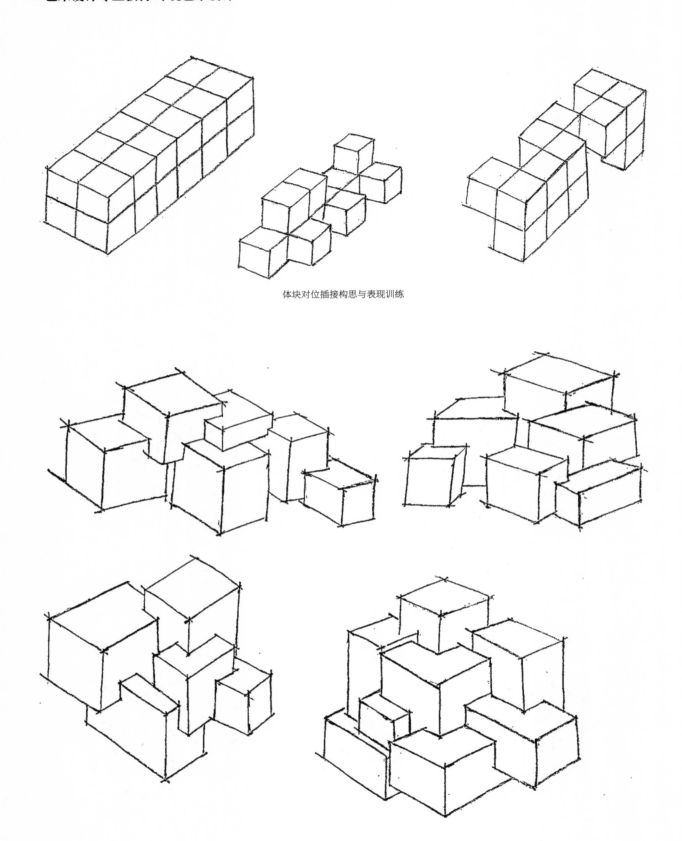

体块对位插接构思与表现训练

体面关系表现训练之造型穿插训练

第三章 单体画法

植物

人物

建筑构件

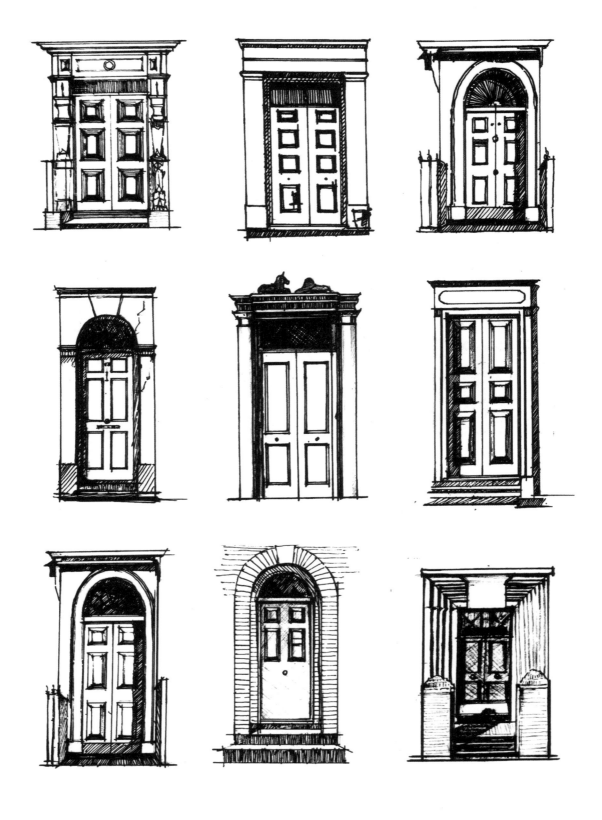

单体建筑

建筑结构素描速写的第一个步骤就是观察，要观察物体的基本形状、受光方向、结构造型、立体效果，在此基础上用直线勾出大轮廓，根据光源确定物体的受光（淡面）、侧光（灰面）、遮光（深面）三大部分，并根据透视原理和三大关系做进一步处理。

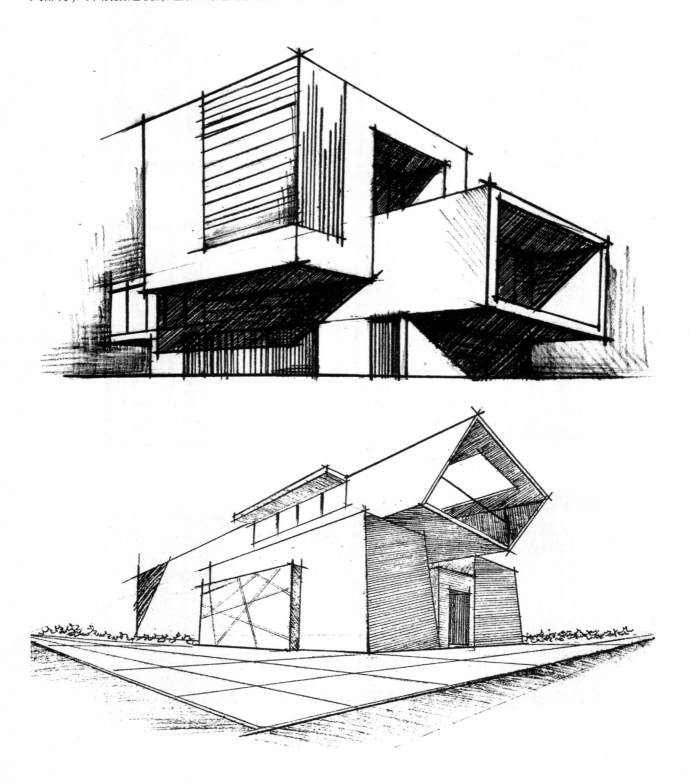

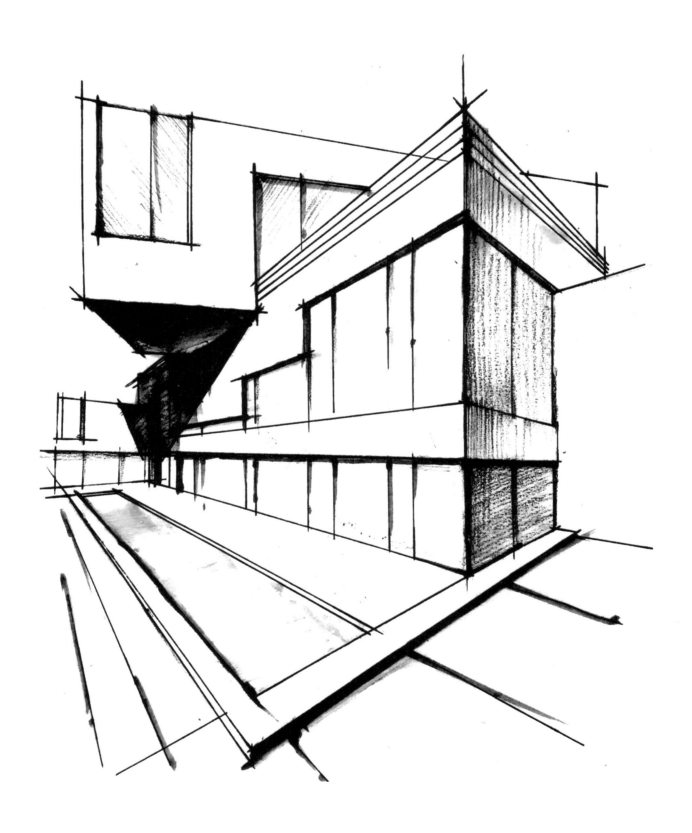

第四章 经典案例临摹

庞凯文绘

庞凯文绘

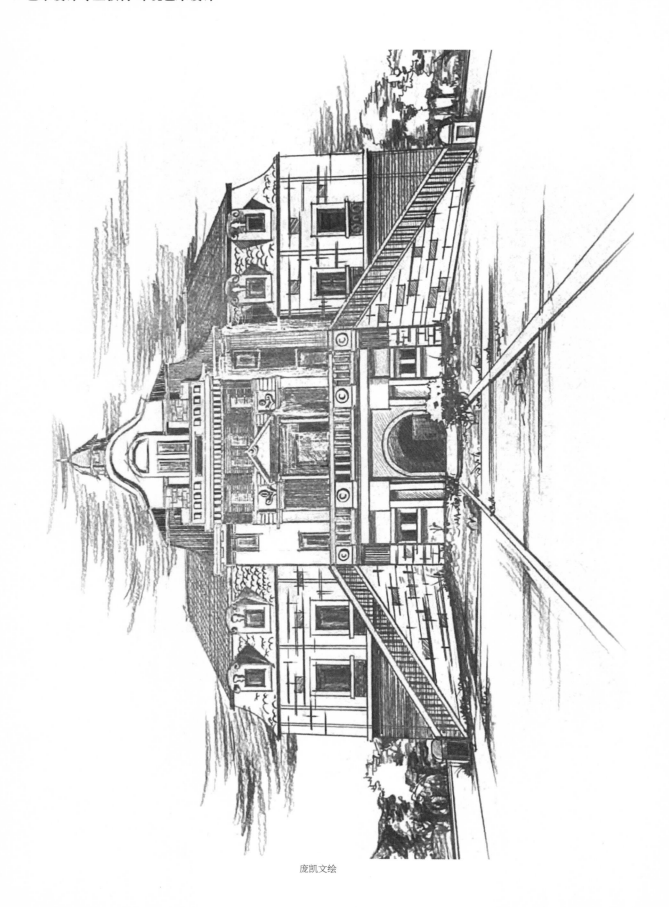

庞凯文绘

庞凯文绘

庞凯文绘

庞凯文绘

庞凯文绘

庞凯文绘

庞凯文绘

方志超绘

方志超绘

方志超绘

方志超绘

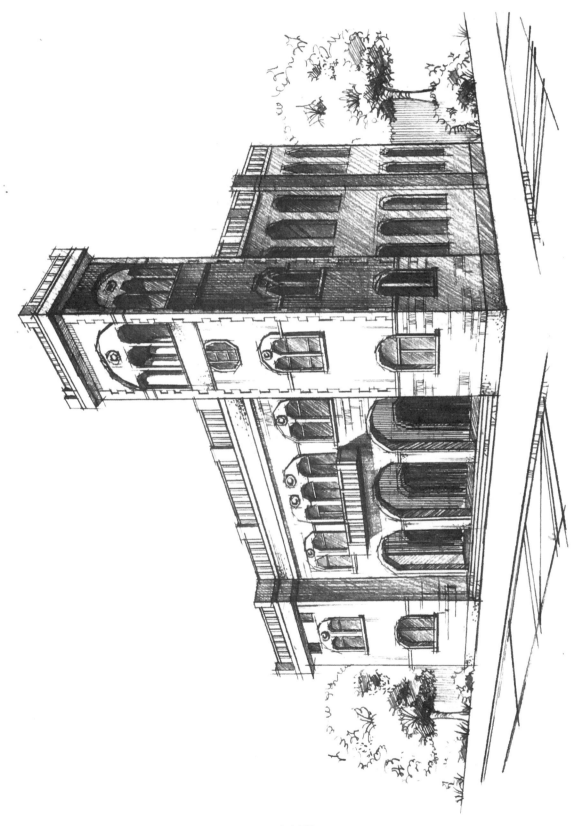

方志超绘

方志超绘

方志超绘

方志超绘

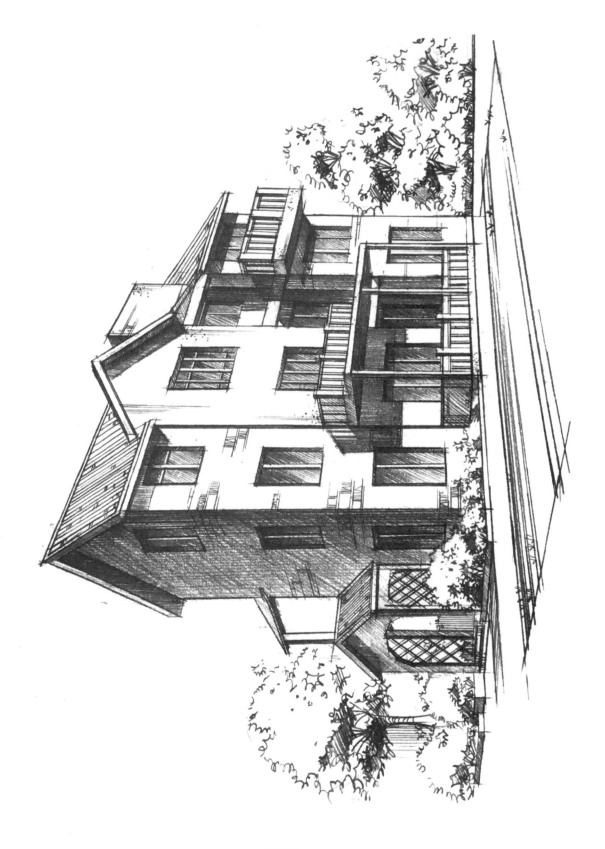

方志超绘

方志超绘

方志超绘

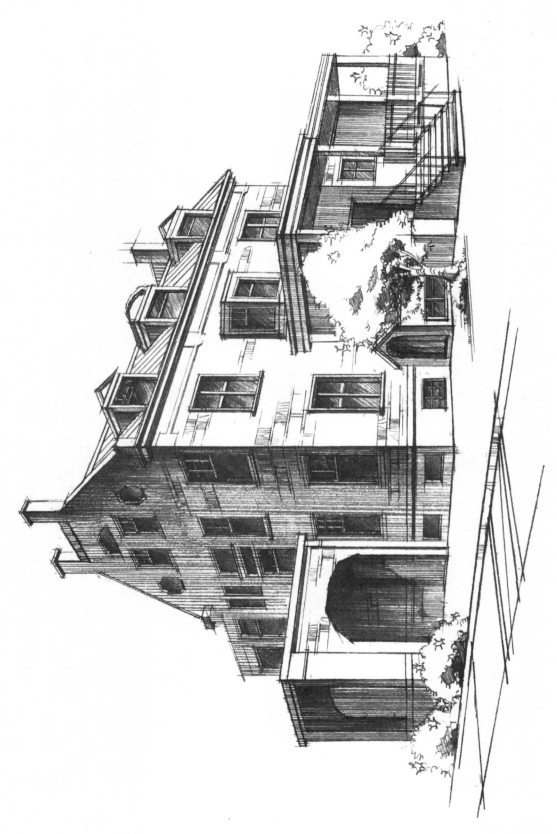

方志超绘

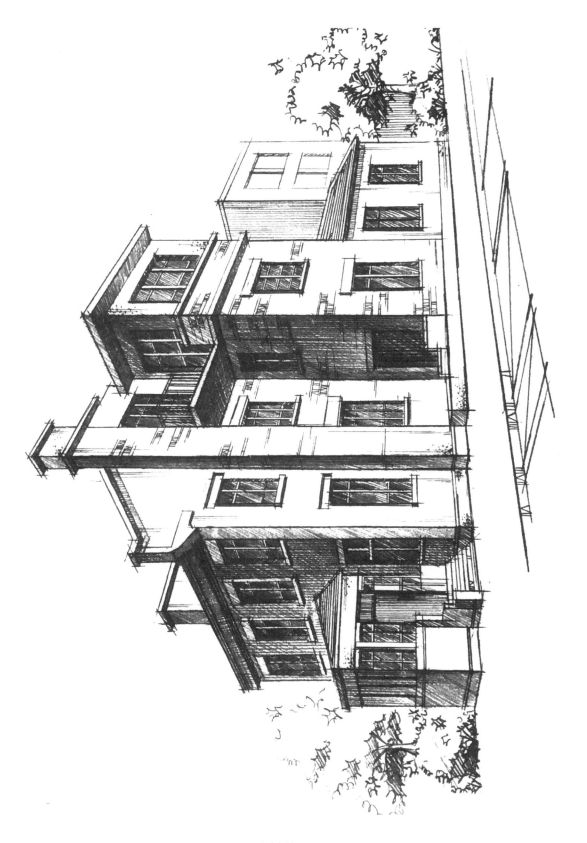

方志超绘

方志超绘

柳春松绘

柳春松绘

柳春松绘

柳春松绘

柳春松绘

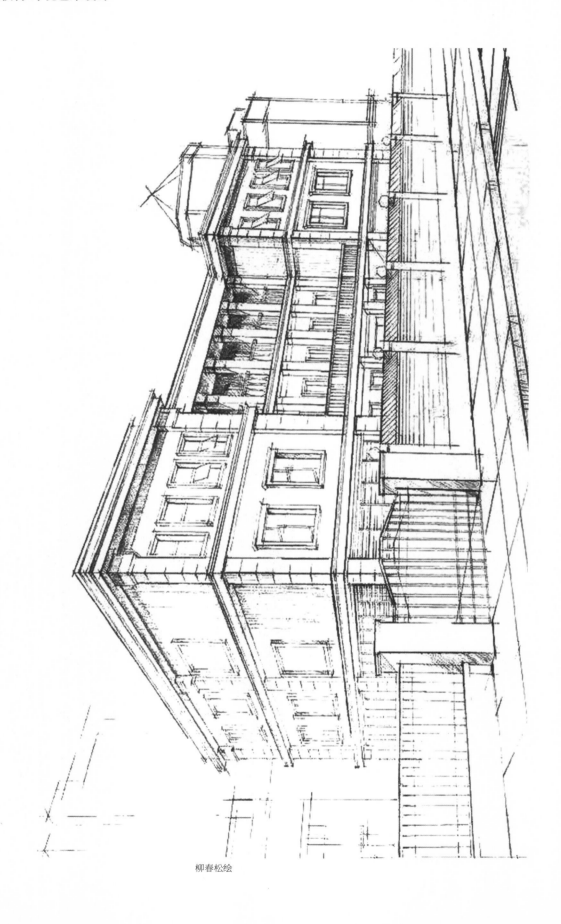

柳春松绘

柳春松绘

柳春松绘

李淼绘

李淼绘

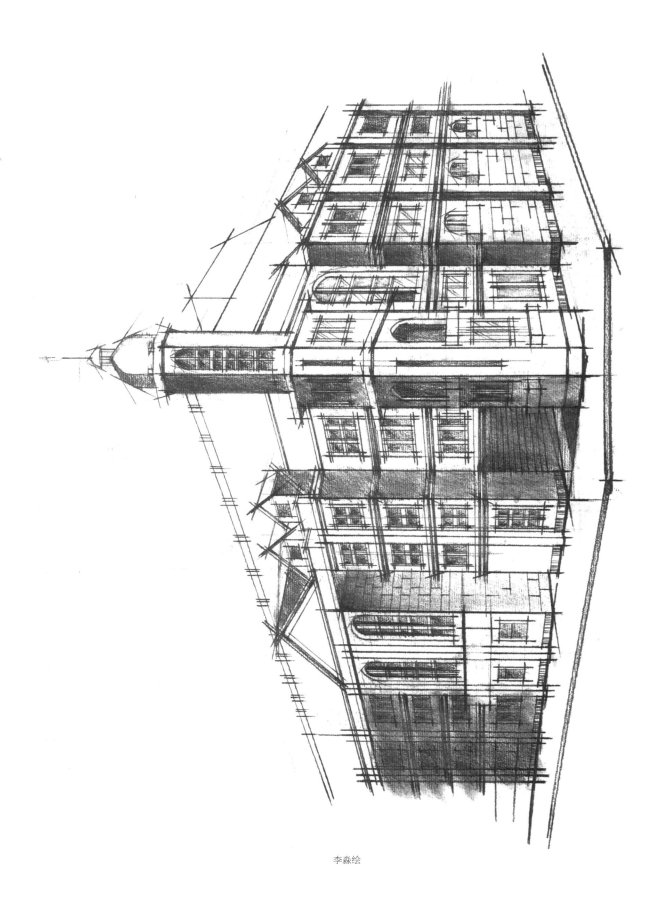

李淼绘

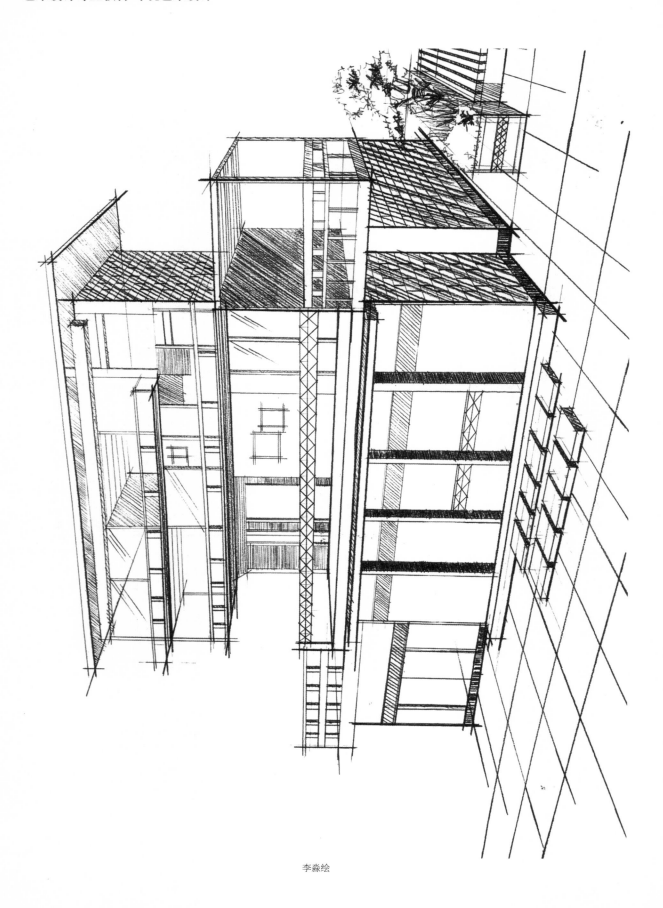

李淼绘

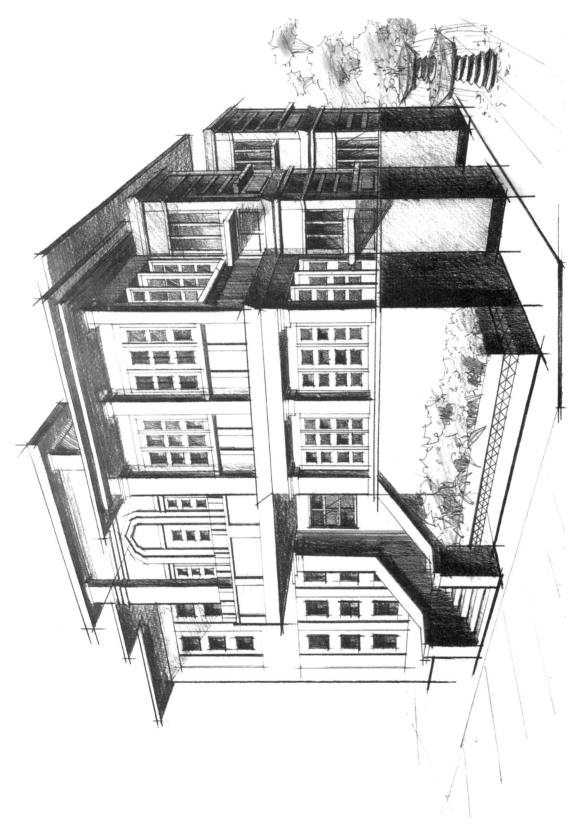

李淼绘

李淼绘

李淼绘

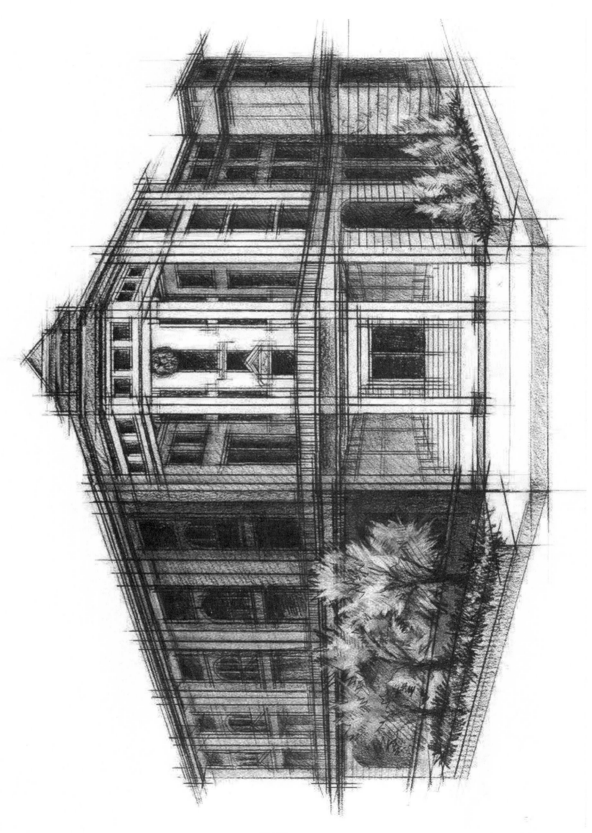

李淼绘

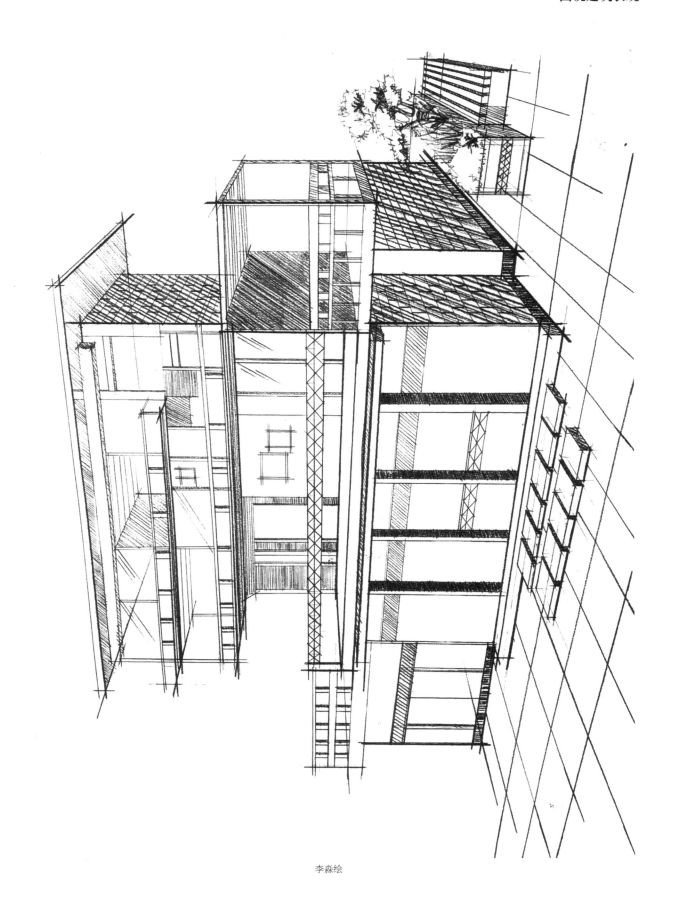

李淼绘

李淼绘

牛珂芹绘

牛珂芹绘

王一然绘

王若璇绘

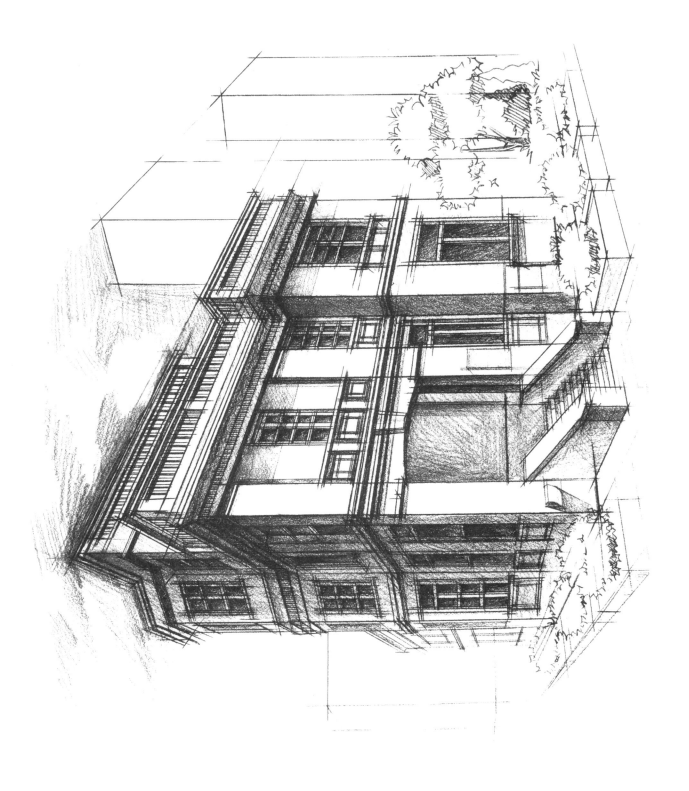

王若璇绘

王若璇绘

王若璇绘

王若璇绘

王若璇绘

王若璇绘

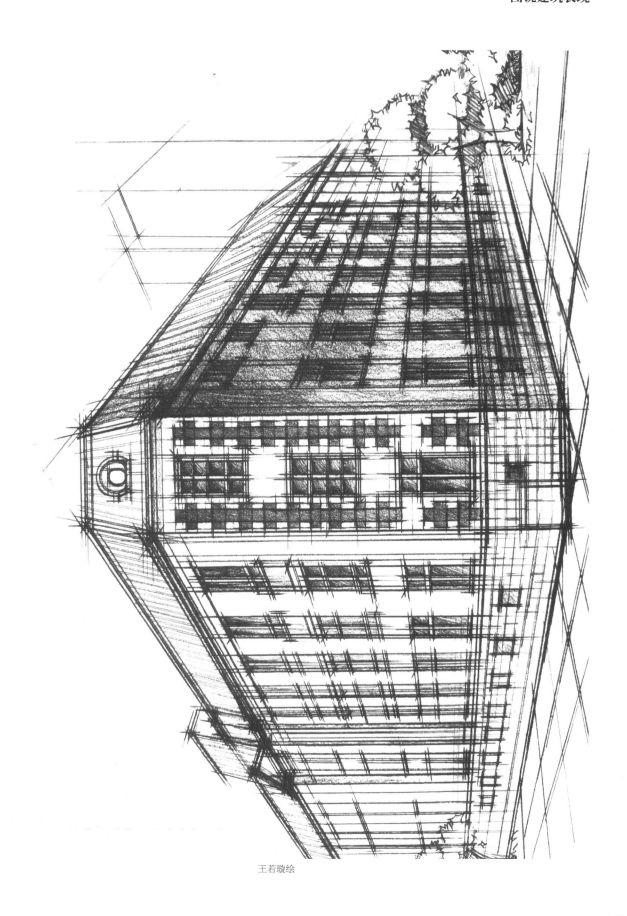

王若璇绘

吴宇堃绘

吴宇堃绘

吴宇堃绘

吴宇堃绘

第五章 照片演练

天津小白楼音乐厅

天津五大道历史风貌建筑

天津五大道历史风貌建筑

天津五大道历史风貌建筑

天津五大道历史风貌建筑

天津美术学院办公楼

天津美术学院主楼

天津望海楼教堂

天津西开教堂

参考文献

[1] 王受之 . 世界现代建筑史 [M]. 北京：中国建筑工业出版社，2012.

[2] 王受之 . 世界现代设计史 [M]. 北京：中国青年出版社，2015.